農産物市場と商業資本

——緑茶流通の経済分析——

木立真直 著

九州大学出版会

はじめに

商人に対する偏見は洋の東西を問わない。さかのぼって，ギリシア哲学の祖アリストテレスは商業を最も賤しい職業の1つであるとし，商人を国民から排除した。わが国では，江戸時代における「士農工商」の身分制度に典型的に示される。このような商人蔑視の思想は，現代においてなお生きている。

一般に「遅れた」流通と理解される農産物流通において，そこに介在する農産物取扱商人とりわけ産地商人に対する偏見は根強い。農産物の産地直結，さらには農業協同組合による共同販売をもふくめて，その出発点に商人蔑視の思想がある。すなわち，商人は総じて前期的商人であり，流通過程から不当な利得を抽出しているという理解である。その理解を前提とした商人排除論にほかならない。

しかしながら，今日みるように農産物の流通・市場条件整備がすすんだ現段階では，農産物取扱商人といえどその機能・性格変化を余儀なくされる。産地流通において農業協同組合とともに産地商人は決して無視できない地位を占めている。ここに，農産物取扱商人・産地商人をめぐる理論的・実証的分析が求められる所以がある。にもかかわらず，従来の農産物流通・市場研究は一般に商人をその分析対象から疎外してきた。このような空白は農産物流通・市場論，とくに農産物商品化論の有効性を問い直す過程として埋められねばならない。

農産物商品化論の課題は，現代資本主義の下で経済的弱者である小農の生産物価値実現条件をいかに改善し，さらに究極的には彼らを労働疎外からいかに解放するかにある。

今日，当面，価値収奪への対抗手段として農業協同組合による農産物の共同販売をおこなうことで，小農の経済的劣性を補おうという見解が有力である。それは，現代経済が独占資本主義と規定されるように，巨大独占が経済の主導的力をもつ状況下で，中小零細企業や消費者は自らの組織化により独占に対し取引力・競争力を保持し，その対抗力(countervailing power)を発揮しうるという理解に基づく。

とはいえ，主体的契機と客観的帰結とは必ずしも一致しうるものではない。たしかに，弱小経済主体の組織である協同組合が独占による価値収奪に対し，一定の対抗力を発揮しうる可能性およびその事例は存在する。しかしながら，他方で，協同組合が決して独占に対して十分な対抗力をもちえない場合は多い。その結果，協同組合はその主体的契機とは裏腹に，独占のためのエージェントないし下請的性格を与えられることとなる。その際，協同組合の対抗力は本来的な独占に対する対抗力としてではなく，他の協同組合ないし未組織の弱小経済主体に対する競争力・排除力として作用せざるをえない。このような矛盾は，とくに地域内部において協同組合相互，あるいは協同組合とその他の中小零細企業・業者との間での激しい軋轢として顕在化する。

これまでの商品化論は，このような矛盾を直視することなく，農業協同組合による排除力行使，具体的には商人排除を肯定してきた。しかしながら，今日の商人が前期的商人ではないとすれば，商人排除の合理的根拠はすでにない。あわせて，最近の低成長経済条件はその軋轢・矛盾をより一層熾烈なものとせずにはおかない。この矛盾の揚棄・問題解決は，今日の農産物商品化論にとってきわめて重要な課題である。

本書の主眼は，農産物商品化主体としての産地商人の再評価を通じて，従来の農業マーケティング論をはじめとする高度成長経済型の農産物商品化論に対し，低成長経済条件にも対応しうる，地域的商品化論ともいうべき地域形成視点の農産物商品化論を提起することにあった。地域形成視点という場合，その要点は域内の弱小経済主体の相互補完的関係の創出にある。

それは第1に，今日，地域間格差・地域問題が現代資本主義の基本矛盾としてあらわれるなかで，地域農業・小農の再生産の困難は，地域の中小零細企業の再生産の困難と軌を一にする。それゆえ，問題解決には両者の“連帯”が不可欠である。第2には，低成長経済への移行により労働力市場が相対的に狭隘化するなかで，農業問題を考える場合にも，山間地・辺境地農業に鋭くあらわれるように，その土地・地域で労働し，生活する権利をいかに確保し，確立していくかという生存権保証の視点が必要である。その際，地域内弱小経済主体の生存権を相互に保証しあうことは不可欠であろう。第3に，以上のことから，今日，地域農業のみの先行的・自立的発展はありえず，それ自体，地域経済振興の一環として位置づけられねばならない。生産力論的にみても，域内産業連関をふまえ地域内分業のメリットを追求することが必要である。

すなわち，農産物商品化のあり方を考える視角は，もはやこれまでのように“排除の思想”に立つことはできない。さしあたり，小農と同様に現代資本主義の下で経済的弱者にほかならない産地商人を商品化主体として正しく位置づけうる“連帯の思想”に立つことが必要である。その上で，はじめて現代資本主義の矛盾に対する“対抗の思想”も明確に提示されうるであろう。

商人は，小農，消費者にくらべその実質的組織化は遅れている。それゆえ，その経済的力量，社会的発言力はきわめて弱い。商人が自らその社会的性格を主張することも稀である。他方，ジャーナリズムないしそれに類する研究者は小農・消費者の代弁者であることはあっても，商人の声をとりあげることは少ない。その意味で，商人は現代社会のなかで，“声なき人々”(silent people)である。

経済学が社会科学である以上，問題解決の方向は社会的に提示されねばならない。その際，経済現象の暗がりのなかで，ともすれば忘れられがちな声なき人々を視野に組み込むこと，いわば「底辺」から問題にすることは必須の条件である。それは，現代の経済学には“排除の思想”をいかにのりこえるかが要請されているからでもある。

人間社会の成熟が，一方で，消費生活側面において安全で高品質で多様な食品・農産物を消費することにあらわれるとしても，他方で，なによりも類的存在としての社会的側面においては，弱者である他者の生存権を尊重しあうという点にこそ示されねばならない。なぜなら流通は，たんなる物の流れ・取引ではなく，まさに広義の生産関係そのものの一環だからである。

本書は，10年来私がおこなってきた農産物市場と商業資本に関する研究をとりまとめたものである。その多くは，九州大学大学院在籍中の７年間に公表した個別の論文を基礎としている。とはいえ，書物としてまとめるにあたって，大幅に加筆・修正し，体系的整序をおこなった。

本書をして10年来の成果というには，あまりに拙い作品である。今日の農産物取扱商人の特質をどれほど浮き彫りにしえたか，はなはだ心もとない。なし得たことは少なく，残された課題ばかりが多い。

とはいえ，学会や世間の常識が産地直結や農協共販を一面的に美化することをみるにつけ，あえて時流に抗し，商人評価論という自己の立場を明らかにしておくことは必ずしも無駄ではないと考えた。大方の御批判が得られれば，それ以上の喜びはない。とくに，私のこの仕事が，若い有能な農協共販論研究者の批判により相対化され，農産物商品化論全体のなかに相互補完的に統合されることを願う。「思想は，世代から世代へと継承される諸条件をもとにして，また競いあう諸学派の論争を通じて，発展する」（エンゲルス，マンデル）ものと考えるからである。

思えば，今日にいたる私の研究生活は迷いと楽観のくりかえしであった。にもかかわらず，ここに拙著を公にしえたのは，ひとえに周囲の人々の励ましと導きによる。

福岡大学の高橋伊一郎教授（前九州大学教授）は，くりかえし原稿を精読され，一字一句にわたる詳細なコメントを与えられた。その内在的批判なくして本書は完成しえなかったといってよい。大学院入学以来，なによりも学問・研究の自由と責任を重んずる教授の姿勢から実に多大の学恩を受けている。九州大学の花田仁伍教授ならびに梅木利巳助教授からも多くの有益な御教示を得た。平素の指導とあわせて，感謝の意を表したい。加えて，同大学の教官・院生の方々からは少なからぬ御助言と励ましをいただいた。

茨城大学の相川哲夫助教授からは，かつて卒業論文の指導を受け農業経済研究の手ほどきを御教授いただいた。同大学農経ゼミの古典・原論重視の学風は，私が研究者の道にすすむうえで貴重な足場を与えてくれたと考える。レーニンの市場理論は丹野清秋教授のゼミで，大塚史学は平野綏助教授のゼミでそれぞれ御指導いただく機会を得た。本書をまとめる土壌はその時期に形成されたといっても過言ではない。また，同大学横川洋講師からは常日頃励ましの言葉をいただいている。

緑茶経済・経営関係では，農水省東北農業試験場の大越篤氏から，卒論執筆時以来，長年にわたって御指導いただいている。さらに，茶業問題研究会の増田佳昭氏（滋賀県立短大助手），片岡義晴氏（法政大学大学院）からは，きわめて示唆に富む御助言を受けた。

本書のとりまとめに際し直接御指導いただかなかったものの，元協同組合短期大学の佐藤治雄先生には，万感の思いで謝意を伝えたい。先生との出会いなくして，私は農産物流通・市場研究へ足を踏み込むことはなかったからである。なによりも，怠惰な私は学問への情熱自体もちえなかったであろう。以来，学問的深化と自己変革とは不即不離であるとの希望を与えられた。かれこれ，10年にわたって多大の学問的刺激と日常的御配慮をいただいている。

本書の内容の大半は，統計分析と実態調査によっている。資料収集，聞取り調査に際し御協力いただいた農水省，各県，農協の茶業担当者，ならびに生産者，茶商の方々には深く感謝の意を表するものである。

これら多くの方々の御好意にもかかわらず，これだけの成果しかお返しできない自らの非力をお詫びするとともに，今後の課題としたい。

末尾ではあるが，本書の出版は高橋伊一郎教授のお勧めと梅木利巳助教授の御配慮によるところが大きい。また，昨今の困難な出版事情のなか，上梓の機会を与えてくださった九州大学出版会，とりわけ出版にあたって少なからぬ御迷惑をおかけした藤木雅幸氏，平田修子氏には心より感謝の気持ちを申し述べたい。

1985年10月15日

福岡・箱崎にて　　木立真直

目　次

序　章

課題と方法

第1節　研究課題とその背景

商品経済および資本主義経済下において農業が商品生産として営まれているかぎり，農産物の販売・商品化の問題は農業ないしその生産主体の再生産にとってきわめて重要な意味をもつ。

一般に商品の価値実現が「命がけの飛躍」と表現されるように，農産物の商品化は一定の困難をともなうことはいうまでもない。とくに，わが国にみるように高度に発展した独占資本主義の成立にもかかわらず，農業がおおむね小農形態にとどまっているいわば「二重構造」的状況下では，農産物の商品化はより一層の困難をともない，国家による流通・市場再編がすすめられることもあって，より複雑な様相を呈する。加えて，近年，日本経済が高成長から低成長へ移行したことにより，農産物市場は相対的に，場合によっては絶対的にも狭隘化の傾向を示し，今日，わが国における農産物の商品化をめぐる状況は二重三重の意味で厳しいものといわねばならない。

具体的な問題状況は，以下の通りである。第1に，みかん等に典型的にみるように，供給過剰化傾向による産地間競争の激化，農産物価格の暴落・低迷といった問題が顕在化している[1)]。今日，多くの農産物について産地間競争の激化が指摘されるが，とくにそれが本来的な生産力発展をもたらす産地間競争としてではなく，市場機構を媒介にゆがめられた，あるいは強められた競争として産地にとって大きな重圧となっている点が重要である。

第2に，高度成長期以降の国家の流通・市場政策を背景に，大量流通・集散市場体系を促進する条件が整備されてきている。その結果，農産物流通過程への大消費地ないし集散地立地の大型資本の参入が容易となり，地場・地域の中小零細資本の存立をより困難なものとしている。

第3に，大量流通のための過度な選別・規格化，物流手段の近代化は，農産物の流通費用を相対的に高いものとし，また，農産物本来の使用価値的特質を破壊する側面をもっている。

このような問題状況に対して，既存の商品化論[2)]は決して十分な解決の方向を提示しているとはいえない。したがって，次のような視点から，今後のあるべき商品化論を再構築することが必要であろう。

第1には，販売条件を改善し，そのメリットを産地に還元することにより，地域農業の発展に寄与しうるかどうか。

第2には，迂回流通等による流通上の社会的空費を減らす課題にこたえていけるかどうか。

第3には，地場・地域の中小零細流通業者あるいは加工業者を保護・育成し，地場産業・地域経済の発展に寄与しうるかどうか。

第4に，消費者の要求する多様で高品質かつ安全な食糧供給に十分対応しうるのかという点である[3)]。

ところで，農産物商品化のあり方は，農業の商品生産としての発展段階，需要の性格，あるいは農産物の使用価値的特質に規定されて具体的形態をとる[4)]。いうまでもなく，商品化の過程は生産物の価値実現の過程にほかならない。しかし，その場合，価値実現の条件ないし前提として，同時に農産物生産・消費の態様，とりわけ農産物の使用価値的特質に対応した相対的に独自な流通機能が果たされねばならないという点に，農産物の流通，商品化の特殊性がある。したがって，農産物商品化の現実的構造は，おのおのの農産物市場において農産物取扱商業資本あるいは農業協同組合といった流通担当主体が具体的な流通機能を果たしながら存立している態様の総体として把握される。

そこで，農産物の商品化にかかわる基本的な論点の１つは，商品化の担い手をいかなる主体に求めるかということである。

これまでの商品化論では，その担当主体をもっぱら農業協同組合のみに限定し，農産物取扱商業資本，とりわけ産地商業資本については積極的な位置づけが与えられることはなかった。たとえば，戦後の農産物の商品化に関して先駆的業績をあげた川村琢氏は次のように述べている。戦後の農産物商品化の形態について，「これを地域についてみる場合，商品生産の進んだ地域では主産地の形成がすすみ，さらにこの地域においては，協同組合による共同販売への動きが，とくに，つよくおしすすめられているのをみることができる」[5]。また，このような川村氏の「主産地形成＝共同販売」の理論を継承・発展させた農民的商品化論の立場では，「商品化の多様性を認めつつも，いろいろな形態をとった農民的共販の展開のなかに，進歩的意義をみようとする」[6]と述べている。このように，これまでの商品化論の基本的視角は，農産物商品化のあり方について，個人販売に対する共同販売の進歩性・前進性を強調し，その担当主体はとくに農業協同組合であると規定したことにあった[7]。その結果，もう一方の商品化の担い手である産地商業資本は産地市場における「遅れた」存在であり，やがて「排除されゆく」存在としてのみ位置づけられてきたのである。

しかしながら，今日の産地集出荷の実態はどのようであろうか。たしかに，戦後の今日にいたる過程で，多くの農産物について農協共販の進展がみられたが，事実は決してそのような理解でおおいつくせるものとはいえない。たとえば，りんご，なつみかん，ばれいしょ，たまねぎといった品目についてみると，農協共販率はおのおの30.6％，55.6％，49.8％，58.3％であり，他方，産地商人の占めるシェアはおのおの32.8％，19.1％，24.7％，28.7％である（数字は1979年産，農林水産省『青果物集出荷機構調査報告』1981）。近年，商人流通は農協共販の進展により後退傾向を示してきたとはいえ，いまだかなりの品目について産地流通の一定のシェアを占めている。さらに，最近の動向としては，農協共販に対抗し産地商人がその勢力を巻きかえすといった動きさえ指摘されている[8]。このように，事実として，産地商人は「排除されゆく」存在ではなく，今日なお産地市場において無視できない地位を占めているのである。

それでは，そのような産地商人は「遅れた」存在として，いわば前期的商業資本として存立しているのであろうか。たとえば，産地流通において商人の占めるシェアの高い緑茶については，次のような見解が一般的である。「問屋＝商業資本を中心とした市場支配と価格不安定，それにもとづく商業資本の中間利得と譲渡利潤の大きさが特徴的であり」[9]，よって「零細資本をかなめとする商業資本的要素を残した前期的市場」[10]であるとされる。しかしながら，のちに展開するように，今日的条件の下では，産地商人（産地茶商）といえど，前期的商人として活動しうる領域はきわめて制限されていると考えねばならない。

そのような条件にもかかわらず，今日，産地商人が産地集出荷にかかわって一定のシェアを保っていることは，産地商人が農産物の商品化においてより合理的な機能を果たしていると考えることができる。ここで，あらためて，現段階における産地商人の存立形態と存立条件，したがってまた，農産物の商品化における産地商業資本の機能と役割を明らかにすることが必要なのである。

とくに，先に述べた農産物商品化をめぐる厳しい状況の下での今後の農産物商品化のあり方について正しい見通しを得るために，その前提として，産地商業資本が果たしている機能・役割を明らかにすることは重要かつ不可欠の研究課題である。ところが，これまでの農産物商品化論が商品化の担い手を農業協同組合のみに限定してきたという研究史的背景から，このような視角からの研究はきわめて少ない。

以上のような問題意識および研究史的背景から，本書では，小農の商品生産としての発展による市場対応力の強まり，農協共販の進展による産地競争構造の変化，あるいは国家の流通・市場政策の展開による流通近代化，大量流通条件の形成といった今日的市場条件の下で，農産物取扱商業資本とりわけ産地商業資本がいかなる対応形態をとり，その結果，農産物の商品化にかかわっていかなる機能・役割を担っているのかを明らかにすることを課題とする。

1)　磯辺俊彦編著『みかん危機の経済分析――みかん農業における「兼業問題」の構造――』現代書館，1975，あるいは，梶井功編著『農産物過剰――その構造と需給調整の課題――』明文書房，1981，等を参照。
2)　ここでいう既存の商品化論とは，具体的には，川村琢氏による「主産地形成＝共同販売」論と，若林秀泰氏による「農産物マーケティング論」とをさしている。両者は，一方で，商品化の担い手としての農協の本質規定においてその理解が大きく異なるとはいえ，他方，主産地形成を前提し，大量流通の進歩性を主張する点では共通した内容をもつ。
3)　御園喜博・宮村光重編『これからの青果物流通――広域流通と地域流通の新展開――』家の光協会，1981，p. 6。
4)　このことを，川村琢氏は，商業資本の側面から次のように述べている。「農産物の個々の具体的市場で，商業資本は，生産者の性格に応じた供給と消費者の性格に応じた需要によって，またそれぞれの商品の自然的属性に基づいた具体的な特殊性に応じて，価格の実現ならびに流通の機能を果たしながら，それぞれの市場の具体的な形態をつくりあげている。」矢島武・崎浦誠治共編『農業経済学大要』養賢堂，1967，p. 157。
5)　川村琢『農産物の商品化構造』三笠書房，1960，p. 1。
6)　三島徳三「『農民的商品化』論の形成と展望」川村琢・湯沢誠・美土路達雄編『農産物市場論大系第3巻　農産物市場問題の展望』農山漁村文化協会，1977，p. 226。
7)　この点について，三島徳三氏は菅沼正久氏を批判するかたちで，より積極的に以下のように主張する。菅沼論文「商業的農業と市場・農協」（東京農業大学『農村研究』第9号，1958）での「主産地における流通組織には，生産者じしんが共同出荷する形態と，産地仲買人が取扱う形態とがあるが，ともに，大量の取扱が可能であり，市場にたいする産地の対応が機敏におこなわれるような資質をもった流通組織が確立していなければならない」という指摘に対して，三島氏は「このような認識が，流通担当者の性格（農民的なものか，商人的なものか）を無視した『流通近代化』論であることは明らかである」（同氏，前掲論文，p. 201）と批判している。

ここで，三島氏のいう農民的・商人的といった性格区分が，前期的市場段階においては基本的な意味をもったことは明らかであるが，今日的市場段階におけるその意味いかんについては大きな疑問を抱かざるをえない。なぜなら，今日，流通担当者を農民ないし農協のみに限定することはきわめて非現実的であるし，なによりも，現段階における流通担当者の性格区分は，独占であるか非独占であるかをめぐってなされなければならないと考えるからである。

とはいえ，その後，氏はたとえば，たまねぎを素材とした現状分析をふまえて「農協としても彼ら（産地商人——引用者）をいたずらに敵視せず，その商人としての営為に学びながら，共存共栄の体制をつくっていくことが肝要であろう」（同氏『青果物の市場構造と需給調整』明文書房，1982，pp. 197-198）と述べているように，その見解を改めている。

8）三島徳三「青果物集出荷の組織と形態」湯沢誠編『農業問題の市場論的研究』御茶の水書房，1979，pp. 127-154。

9）御園喜博『農産物市場論——農産物流通の基本問題——』東京大学出版会，1971，p. 131。

10）御園喜博『農産物価格形成論』東京大学出版会，1977，p. 256。

第2節　研究方法と構成

本書は，大きくは理論的検討と統計・実態分析とからなる。前者では農産物一般を念頭におくが，後者においては，対象品目として緑茶をとりあげる。

緑茶（以下，茶という場合も緑茶を意味する）は，需要面からみると，米主食の日本的食生活のなかに根をおろし，とくに高度成長期以降，一般大衆の，日常的飲料としての地位を占めている。緑茶生産は，戦前からすでに輸出仕向を中心に商業的農業としての展開がみられたが，戦後は国内市場の拡大に対応し，一層の展開をみた。1960年代なかば以降，茶作は日本農業のなかにあって相対的に収益性の高い商品生産部門の1つとして位置づけられてきた。

そのような緑茶においても，1973年以降，消費は停滞ないし減少傾向を示し，過剰基調が指摘されている。今日，それは茶業にとっての主要な問題であり，産地レベルでは産地間競争の激化への対応が重要な課題となっている。具体的には，行政的展開を背景に，茶園の集団化，茶生産の機械化，荒茶加工の大型化・共同化などの生産構造の高度化とならんで，産地集出荷体制の整備がとりあげられる。

緑茶の商品化が元来主として産地商人によってなされていたことは周知の通りである。そのようななかから，1960年代以降主産地化の進展に対応し単位農協による荒茶共同販売の展開，さらに69年からは主に経済連による産地茶市場（茶流通センター・茶販売斡旋所）の設置がみられ，いわゆる農協共販体制の整備がすすめられてきた。このような農協共販体制の整備が，それまでの商人流通にかわって農協系による産地流通の一元化を意図したものであったことはいうまでもない。現在，産地茶市場は全国で15カ所に設置され，主産県をすべてカバーしている。

ところが，農協共販が産地流通に占める取扱量シェアは必ずしも高いものではない。1983年度の場合，全国ベースで単協共販率は49%，経済連段階での共販率は21%という水準である。傾向的にみても，共販率は停滞気味に推移している。したがって，依然として，産地流通のかなりの部分は産地商人によって担われ，その力には根強いものがある。

それゆえ，茶流通においては，農協共販が産地流通の改善にかかわって一定の意義を担ったとしても，今日いまだいくつかの問題点ないし限界をかかえ，その矛盾を突くかたちで産地商人が存立していると考えることができる。端的には，緑茶の商品化においては，農協共販に比較して産地商人がより優れた機能を果たしているといってもよいであろう。

このことは，たとえば，みかんの場合，農協共販率が７割をこえ，産地商人にかわって農協共販の躍進が著しいことと比較すれば，きわめて特徴的である。

以上のようなことから，前述の課題を検討する上で，緑茶は最も代表性をもつ適当な品目であるということができる。

地域としては，主に九州をとりあげる。九州においては，1960年代以降急速に茶生産を拡大し，現在（1980年），荒茶生産量では24,778ｔで全国の24.2%を供給するにいたっている。このような生産拡大に対応し，流通面では大分県を除く九州各県において産地茶市場が設置された。にもかかわらず，概して，市場出荷率は高いとはいえず，いまだ産地流通における産地商人のシェアは高い。

ここでは，九州のなかでも，煎茶量産県として急成長をとげ全体として新産地的性格をもつ鹿児島県と，高級茶生産の比重が高く旧産地的性格を強く残した福岡県という２つの対照的地域をとりあげる。また，鹿児島県は産地県＝茶移出県であるのに対し，福岡県は消費地県＝茶移入県であるという市場条件の差異が指摘できる。各産地における集出荷構造のあり方は，おのおのの独自の地域的条件に大きく規定される。したがって，異なった性格の両県をとりあげることにより，地域の個別的市場条件が産地茶商の機能をいかに規定しているかを具体的に明らかにできる。

本書の構成は，各章別に以下の通りである。

第1章では，農産物取扱商業資本をめぐる理論的整理をおこなう。第1に，前期的商人説をとりあげ，その「前期性」の内容と条件を明確にした上で，すでに今日の農産物取扱商業資本を前期的商人とは規定しえないことを明らかにする。第2に，今日最も有力な見解である手数料商人説をとりあげ，とくに，三国英実氏の論文「農産物市場における手数料商人化に関する一考察」を対象に内在的・批判的検討をおこない，その適用局面が限定され一般化しえないことを指摘する。その上で，第3に，以上の論点をふまえて現段階における農産物取扱商業資本の性格と独自の機能を明らかにする。

第2章では，分析の対象品目として緑茶をとりあげるにいたって，その前提として，緑茶の市場構造について主に統計資料により明らかにする。はじめに，緑茶消費・需要についてその特質を明らかにし，また1973年以降の需要の停滞傾向について考察を加える。つづいて，緑茶生産・供給の特質と今日的産地展開の方向について九州地方を中心に考察する。最後に，そこで明らかにされた緑茶の需要と供給を結びつける流通・市場の現状，および，最近の流通・市場における諸変化について検討する。

第3章では，旧産地的性格の強い福岡県をとりあげて，戦後の茶産地市場の展開過程を従来の商人流通から農協共販の展開，さらに茶流通センター設置以降とおのおのの段階にわけて検討し，そこでの産地商業資本の変質過程，とりわけ機能と性格の変化を明らかにする。最後に，茶産地市場の現段階において産地茶商がいかなる対応をとっているのかを具体的に検討する。

第4章では，新産地的性格をもつ鹿児島県を対象とし，産地集出荷のあり方と産地茶商の対応形態について考察する。鹿児島県の場合，1960年代以降普通煎茶量産地帯として急激に産地規模の拡大をすすめ，現在，静岡県につぐ全国第2位の茶主産県としての地位を確立している。ここでは，近年の主産地化に対応し，産地茶商が販路開拓，仕上茶販売の展開により商品化の担い手として積極的機能・役割を果たしていることを明らかにする。

補論では，京都府の場合を事例に，生産者による市場対応という視角から産地商人流通の存立条件を検討している。生産者サイドからみて，農協共販がいくつかの問題点をかかえ，その結果，商人出荷が選択されていることが指摘できる。

終章では，以上の考察を要約しつつ，農産物とりわけ緑茶の商品化における産地商業資本の機能・役割について総括する。さらに，実践的課題として，産地商人を今後の産地集出荷体制のなかに位置づける必要性とその条件を指摘し，その場合，産地商人の商業協同組合への組織化とその力量の強化，ならびに農業協同組合との相互補完的な機能分担体制の確立が重要であることを指摘する。

第1章

農産物取扱商業資本の現段階的性格と流通機能

序

農産物取扱商業資本に関して，これまで必ずしも十分な理論的研究成果をみているとはいえない。たとえば，戦後の農産物市場研究の礎石を築いた美土路達雄氏，ならびにそれを継承・再整理した御園喜博氏の論稿をみてみよう。

美土路氏は，次のような市場分類をおこなった。「(A)小農と零細消費者間の市場，(B)小農と加工資本間の市場，(C)小農と国家独占資本間の市場」[1]と大分類する。その上で，(B)については，「(1)対零細資本市場，(2)対中小資本市場，(3)対大資本市場，(4)対独占資本市場」と，また，(C)については「(5)(B)との過渡市場，(6)専売市場，(7)統制市場」[2]と小分類している。ここでの市場分類のメルクマールは，小農が農産物を販売するにあたって相対する取引相手の性格(とくに加工資本の独占集中度)のみがとりあげられ，よって，農産物取扱商業資本は分類の基準外とされている。いわば，商業資本については，おのおのの市場類型に対応したかたちで，前期的商人，近代的商人，手数料商人とその性格を変えていくとア・プリオリに理解されていたといえよう。

また，御園氏の場合は，基本的に美土路氏の分類を継承し，「(1)対零細消費者直接消費用農産物市場，(2)対零細資本・小資本農産物市場，(3)対中・大資本農産物市場，(4)対独占資本農産物市場，(5)対国家独占農産物市場」[3]と５つに再整理している。そして，この(1)から(5)の分類は，「類型であると同時に，(1)を原基形態とした農産物市場の具体的発展段階をも意味する」[4]とし，また，「(1)→(5)と進むに応じて，中間商業資本の排除とそれによる流通・市場の合理化・近代化が進展」[5]すると述べている。

このような美土路，御園氏による農産物市場の類型区分，それを出発点とする国家独占資本主義的農産物市場編制論は，戦後の農産物市場研究において「国家独占資本主義と小農」という１つの基本視角をシェマーティッシュにうちだしたという点で積極的意義をもつものであった。氏らは，戦後の農産物市場の基本問題を国家独占資本主義体制による小農・農業の包摂にあるとし，よって，農産物市場構造分析の中心課題を独占資本による小農捕捉の具体的形態，すなわち，国家独占資本主義下において農産物市場が「合理的」に編制される，あらしめられるという局面の段階的・体系的把握におく[6]。したがって，国家独占資本主義的市場編制論という分析の枠組のなかでは，小農と取引資本（加工資本）との関係を基本的な市場関係として位置づけ，そこでの市場形成のイニシアチブを資本の側に求めている。そこでは，市場形成における独占資本の規定力に対する小農の側からの反作用・対抗力についての評価が不十分とならざるをえないし，またなによりも，実際上両者をとり結ぶ市場・流通担当主体に関して独占資本に対する従属的な位置しか与えられなかったのである。

今日にいたる戦後農産物市場研究の多くが，以上述べた美土路，御園氏による農産物市場の類型区分，および国家独占資本主義的農産物市場編制論に基本的に依拠することによりすすめられたことから，農産物取扱商業資本を中心にとりあげた研究は，一部の業績を除いてみるべきものが少ない。それゆえ，農産物取扱商業資本研究は，農産物流通・市場研究分野のなかでもきわめて手薄な領域として残されることとなった。

しかし，農産物市場において多くの場合，小農は独占資本と直接に取引をおこなっているわけではない。今日においても，農産物市場の特徴的性格は中間商業排除が容易に進行しえず，したがって，小農が資本主義的再生産過程にくみこまれる上で媒介項としての農産物取扱商業資本の介在が一般的であるという市場構造の重層性にある。とすれば，農産物市場をその具体性においてとらえようとする場合，農産物流通の実際上の担い手である農産物取扱商業資本の機能と性格についての分析は重要かつ不可欠といわねばならない。

ところで，美土路・御園氏らに対し，農産物市場の構成主体としての商業資本に注目したのが川村琢氏である[7)]。氏は農業の市場問題について「第1の問題は農民的生産の商品化構造の問題としてとりあげられるべきものであり，第2の問題は商業資本の流通構造の問題としてとりあつかわれるべきものである」[8)]としている。また，「農業市場論とは，資本主義の段階でとる農業の市場対応のための生産形態と，それに結びつく商業資本の機能の変化，いいかえれば商業資本の形態変化を研究対象とする」[9)]と述べている。しかし，氏のこのような注目すべき指摘にもかかわらず，考察では農産物取扱商業資本が商業資本一般と同様に国家独占資本主義により包摂されるという視角が貫いている。そのため，そこでも農産物取扱商業資本の独自的機能とその役割は十分明らかにされなかった。

以上のような研究史的背景および問題意識から，ここでは，これまでの農産物取扱商業資本に関する諸説について批判的検討を加え，そこでの問題点をふまえ，その上で基本視角を設定しつつ，とくに使用価値視点を重視しながら，農産物取扱商業資本の現段階的性格と農産物商品化において果たす独自の機能を明らかにすることを課題とする。

考察の手順は以下の通りである。今日，農産物取扱商業資本に関する理解としては前期的商人説と手数料商人説とがある。したがって，第1節において前期的商人説を，第2節において手数料商人説をとりあげ，おのおのについて立ち入って内在的・批判的検討を加え，つづく第3節では，前節までに明らかにされた問題点をふまえて，あらたに現段階における農産物取扱商業資本の性格と機能を明らかにする。

なお，一般に農産物取扱商業資本という場合，それは収集・仲継・分散の各段階に介在する商業資本すべてを意味する[10]。とはいえ，ここで(とくに自説の用語として)農産物取扱商業資本という場合，あくまでも収集段階，すなわち産地市場で農産物仕入をおこなっている商業資本をさしており，その意味では産地商業資本であるといえる。それは，ここでの課題が農産物取扱商業資本の農産物商品化における機能を明らかにすることだからであり，また，農産物取扱商業資本であることの独自性は収集段階に介在する商業資本，すなわち産地商業資本において強くあらわれるからである。そのため，収集段階と全くかかわりのない純粋な仲継・卸売商業資本および小売商業資本については，ここでの考察から除かれる。

1)，2)　美土路達雄「戦後の農産物市場」協同組合経営研究所編『戦後の農産物市場（下巻）』全国農業協同組合中央会，1958，p. 255。
3)　御園喜博『農産物市場論――農産物流通の基本問題――』東京大学出版会，1966，pp. 127-136。
4)，5)　同上，p. 136。
6)　国家独占資本主義的農産物市場編制論については，御園，前掲書，pp. 138-141，さらに，千葉燎郎「農産物市場問題の現段階」農業総合研究所『農業総合研究』第24巻第3号，1970，および，臼井晋「農産物市場・流通の『国家独占資本主義的編制』について」新潟大学経済学会『新潟大学経済論集』第19号（1974，III），1975，を参照。
7)　湯沢誠「農産物市場研究の展開」湯沢誠編『昭和後期農業問題論集第12巻　農産物市場論Ⅰ』農山漁村文化協会，1982，pp. 409-412。
8)　川村琢「農産物の市場問題」斉藤晴造・菅野俊作編『資本主義の農業問題』日本評論社，1967，p. 91。
9)　川村琢『主産地形成と商業資本』北海道大学図書刊行会，1971，p. 2。
10)　産業資本主義下において商業資本は，収集，仲継，分散の各段階に介在する卸売商業資本と小売商業資本とに分化する。これを商業資本の段階分化というのであるが，独占資本主義への移行とともに，これと全く別の傾向が生じる。詳しくは，森下二次也『現代商業経済論（改訂版）』有斐閣，1977，pp.

135-145，を参照。

第1節　農産物取扱商業資本の「前期性」規定について

(1)　はじめに

ここでの課題は，農産物取扱商業資本の「前期性」なる概念について検討し，その上で，今日の農産物取扱商業資本に対し前期的商人規定が適用しうるかどうかについて考察を加えることである。

ある意味で，今日の農産物取扱商業資本がすでに前期的でなく近代的な商業資本であるという理解は，一般的見解といえるかも知れない[11)]。しかしながら，そのような近代的商業資本理解は，必ずしも十分に検討・論証された見解とはいいがたい。そこでは，前期的ないし近代的という意味自体厳密に規定され用いられているわけではなく，きわめて一般的・常識的理解にとどまっているからである。

このことの裏がえしとして，もう一方に，農産物取扱商業資本はいまだ前期的商業資本であるという理解も根強く存在している。その1つは，ただたんに零細商人資本の存在そのことをもって前期的形態であるとする発展段階論的理解[12)]であり，いま1つは，商業資本は単純商品をとりあつかうかぎり基本的に前期的商業資本であるという公式的理解[13)]である。その両者においても，前期的商業資本であるという場合の「前期性」なる概念については必ずしも明確に規定されていない。

ここでは，このような混乱した研究状況をふまえて，次のような手順で考察をすすめる。第1に，農産物取扱商業資本の「前期性」なる概念についてその本源的規定に立ちかえって明らかにする。第2に，そこで厳密に規定された意味での前期的商業資本として農産物取扱商業資本が存立する場合の，その具体的条件について整理する。その上で，第3に，農産物取扱商業資本が基本的に前期的商業資本として存立しえない今日的条件の形成を指摘し，したがって，今日すでに農産物取扱商業資本といえどその本質を前期的商業資本とは規定しえないことを明らかにする。

(2)　農産物取扱商業資本の「前期性」なる概念について

「前期性（的）」あるいは「前期的資本」なる用語がわが国の経済史学，歴史学，経済学の分野において市民権を得るようになったのは，大塚久雄氏の一連の業績によっている。元来，この「前期的」なる概念は，マルクスの用いた「大洪水前的」をその原語としている。マルクスは『資本論』第３巻第36章「先資本制的なるもの」において，資本一般の存在をただちに資本主義と同一視し，またしたがって，高利貸あるいは商人資本の発展の延長上に資本主義的生産様式の形成，すなわち産業資本の生成・発展を位置づける見解の批判を意図して，資本の近代的･本来的形態である産業資本に対し，「資本の最も古い自由な実存様式」である商業資本，高利貸資本を「資本の大洪水前的形態」であるとした[14)]。この用語をうけて，大塚久雄氏は封建制から資本主義への移行といった資本主義成立史研究の理論的出発点として，近代的資本である産業資本に対し「人類の歴史とともに古い」商業資本あるいは高利貸資本を前期的資本と規定し，両者を範疇区分している。そこで，大塚氏は「前期的」という概念を用いることにより，たんに古いということのみならず，産業資本の成立・発展に対抗的に作用するという点の強調を意図している。すなわち，「前期的」という概念は，前近代的であると同時に反近代的という規定を含意しているのである[15)]。

ここで，資本の近代的・本来的形態である産業資本との対比において，前期的資本の性格を一般的に整理すると次のようにいうことができるであろう。

①　自らのうちに資本の生産過程をもたないという点〔不生産的性格〕。

②　にもかかわらず，前期的資本は「利潤」を得るのであって，それは近代以前的な生産過程に外部から寄生することにより，そこで作出された余剰

生産物を獲得することにほかならない〔寄生的性格〕。

③ その寄生性のために，旧来の生産様式を自己の存立基盤として維持・保存しようとする〔保守性・反動性〕。

以上の性格は，近代的資本である産業資本との対比での前期的資本としての商業資本（高利貸資本）の特質であり，それゆえ，ここで，近代的商業資本と前期的商業資本との差異といった視点から「前期性」をとらえる場合，そのまま適用しえないことはいうまでもない。

まず，不生産的性格は，商業資本であるかぎり，前期的商業資本であるか近代的商業資本であるかにかかわらず共通する点であることから，ここでは採用できない。

寄生的性格については，どうであろうか。前期的商業資本および近代的商業資本が不生産的性格をもつことは，いま述べた通りであるが，そのような不生産的性格にもかかわらず商業利潤を取得しうるという点も両者に共通している。そのかぎりでは，前期的商業資本・近代的商業資本が同様に寄生的性格をもつかのような印象を与える。しかしながら，結論からいえば，商業資本の生産に対する寄生性は前期的商業資本にのみあてはまる性格である。

産業資本主義段階における近代的商業資本は，産業資本に対し独自の資本形態として外的に自立しているのであるが，内的には相互依存性をもつ。すなわち，近代的商業資本がその本質において産業資本の商品資本の自立化形態にほかならず，それはいわば産業資本にかわって販売・価値実現の過程をより合理的に代位担当し，産業資本にとって積極的な役割を果たしているからである。他方，前期的商業資本の場合には，それがしばしば仲介商業（carrying trade）と呼ばれるように，生産に対し外的にのみならず本来的・絶対的に自立している。すなわち，「その一方は，流通がまだ生産をとらえていないで，与えられた前提としての生産に関係するということであり，他方は，生産過程がまだ流通を単なる契機としては自己のうちにとり入れていないということである」[16]（傍点――引用者）。したがって，近代的商業資本が外的自立性をもちながらも内的依存性をもつのに対し，前期的商業資本は「絶対的自立性」[17]をその特徴とする。いいかえれば，近代的商業資本は生産（産業資本）に対し相互補完的性格をもつのであるが，前期的商業資本の場合，生産に対し寄生的性格をもつこととなる。

この寄生的性格のゆえに，前期的商業資本の場合のみが，保守性・反動性をおびることは明らかである。

以上のように，前期的商業資本の独自な性格としては，寄生性，絶対的自立性，保守性・反動性をあげることができ，とくに，資本主義が多くの部門で一般化した段階においては寄生性・絶対的自立性こそ重要である。

では，さらにより立ち入って，前期的商業資本の，主に商品取扱資本の場合について，その存立条件と機構に関する大塚氏の論述をたどりながら検討しよう。

氏は，前期的商品取扱資本の存立の客観的条件として，「等価な交換関係の未成熟」，いいかえると「価格組織の未成熟」を指摘している。そして，それは，「第1には商品生産の発達の低度なこと」，「第2には，これと緊密に関連する交通・運送技術の未発達によって基底づけられている」[18]という。

また，前期的商品取扱資本の余剰価値作出の機構については，次のように述べている。「それはまず，流通行程の内部でのみ行なわれる取引，換言すれば購買および販売によって作られ，最終の取引たる販売によって実現されるのであって，いわば商人の『譲渡利潤』として獲得されるのである。他の語をもってするならば，生産物の交換される量的比例関係が偶然的・投機的であり，いわば非等価的であることによって，異った諸地方における価格組織の間の差額をば，商人は自己のものとして抽出するのである。この故に『商業上の利潤なるものは単に商略および欺瞞として現われるのみでなく，大抵これらの原因から生ずる』ことになるのである」[19]と。

つづいて，前期的商品取扱資本における余剰価値の源泉については，「それは，封建社会の本来の生産の担い手――封建領主であれ農民あるいは手工業者であれ――の掌中からであり，彼らの掌中にある『封建的余剰生産物』が商業資本のもとに貨幣の形態をとって流れ込むのである」[20]と指摘している。

以上が，大塚氏によって与えられた前期的商業資本（商品取扱資本）についての基本的規定である。それでは，その内容について立ち入って検討を加えよう。

第1に，前期的商業資本の余剰価値作出の機構の説明をとりあげる。それは,「購買および販売によって作られ，最後の取引たる販売によって実現されるのであって，いわば商人の『譲渡利潤』として獲得される」という部分についてである。この「譲渡利潤」の取得という点は農産物取扱商業資本の前期性を指摘する場合しばしば援用され，ともすると誤った理解を生みかねない点であり，よって，ここでその意味する内容を明確にしておかなくてはならない。

商業資本の余剰価値作出の機構は，いうまでもなくその運動形態との関連で明らかにされうる。一般に商業資本の運動形態はG―W―G′(…G＋ΔG)とあらわされる。マルクスは次のようにいう。「生産諸部面の社会的組織のいかんをとわず，その商品交換を媒介する商人の財産はつねに貨幣財産として実存し，その貨幣はつねに資本として機能する。その形態はつねにG―W―G′である」[21]（傍点――引用者)。つまり，商業資本が相対する生産の様式が単純商品生産であろうと資本制生産であろうと，いいかえるととりあつかう商品が単純商品であろうと資本制商品であろうと，商業資本の運動形態はG―W―G′であり，したがってまた，商業資本のうる利潤は「第1に流通過程の内部だけで行なわれる行為により，第2に最後の行為たる販売によって実現される」[22]のであり，それは譲渡利潤にほかならない。要するに,「安く買って高く売る」ことにより譲渡利潤を取得するということは商業の一般的な法則なのであり，決して前期的商業資本にのみ独自な運動形態なのではない[23]。このような商業の一般的運動についての指摘を前期的商業資本にのみ独自な運動形態の説明として誤って理解することから，譲渡利潤を取得する商業資本は前期的商人であり，よってそれを排除することが市場の近代化だという安易な商人排除論がくりかえし登場している。したがって，問題はG－W－G′という運動形態そのものにあるのではなく，そのような運動をおこなうときに商業資本が直面する市場関係，あるいは商業資本がおかれる市場構造の態様にあり，そこでその運動がいかなる内容をもつかなのである。

そこで，余剰価値作出の機構を理解する場合，大塚氏の後半の叙述こそ重視されねばならない。「生産物の交換される量的比例関係が偶然的・投機的であり，いわば非等価であること」，よって商業上の「利潤」は「商略および欺瞞」から生ずるという点である。ここで指摘しているのは，1つに交換が不等価交換であるということ，いま1つにその背景として「商略・欺瞞」といった経済外的諸契機をふくんでいるということである。ところで，不等価交換であるかのような現象形態をとることは前期的商業資本であれ近代的商業資本であれ同様であることは先に述べた通りである。しかし，その点については，より立ち入って検討するならば，近代的商業資本あるいは前期的商業資本がともに「安く買って高く売る」という運動形態をとるとしても，その意味が両者において本質的には全く異なっていることが指摘できる。近代的商業資本の場合，「安く買って高く売る」とはいえ，購買価格および販売価格のおのおのについて自由競争条件の下，一般的利潤率が成立するかぎり一定の均衡点が存在するのに対し，前期的商業資本の場合には，そのような購買・販売価格の基準点・均衡点が存在しない。すなわち，近代的商業資本については，個々の取引はともかく長期的・平均的にみれば商品の販売価格はその価値または生産価格に等しく，また購買価格はそれから平均利潤である商業利潤を控除したものとなることは原論の教える通りである。近代的商業資本は不等価交換への主観的契機にもかかわらず，客観的には「安く買って高く売る」という個々の運動のからみ合いを通して等価性を確立する。それゆえ，近代的商業資本の運動が不等価交換であるかのような現象形態を示すとしても，その本質は等価交換にほかならないのである。他方，前期的商業資本においては，その絶対的自立性と取引での経済外的手段の存在から，購買価格・販売価格の水準はきわめて恣意的・偶然的となるのであり，したがって，不等価交換は交換の本質そのものを表現している。

とすれば，前期的商業資本の余剰価値作出の機構は次のように理解されるべきであろう。すなわち，生産物の交換される量的比例関係が偶然的・恣意的であり不等価交換としての性格を強く示すが，それは前期的商業資本が絶対的自立性をおび，また，その活動が経済外的強制に依拠したものであることから，商人相互の競争によって等価交換へむかう契機が存在せず，不等価交換を不等価交換として温存・保持するのであると。

第2の疑問点は，前期的商業資本における余剰価値の源泉に関する説明についてである。大塚氏は，前期的商業資本が取得する商業「利潤」の源泉は「封建的余剰生産物」であり，それが商業資本のもとに貨幣形態で流入するとしている。この規定は一般的には正しい。なぜなら，そこでは生産は封建社会における農民・小市民によって担われており，価値はそのような生産過程からしか生まれてこないからである。

にもかかわらず，ここで確認しておきたいことは，第1に，前期的商業資本が取得する余剰価値の源泉はたんにとりあつかう「封建的余剰生産物」の価値のみではないという点である。つまり，W—G′の過程において販売価格は購買者の支払能力を上限とするのであり，決して取扱生産物の価値を上限とするものではないということである。もちろん，その場合にも価値の源泉は購買者である封建領主によって取得された封建的余剰生産物にほかならないのではあるが。第2には，必ずしも，「封建的余剰生産物」すなわち農民・小市民の消費剰余たる生産物のみが交換にとりこまれるわけではなく，場合によっては前期的資本によりそれら生産主体の締めつけがおこなわれることで，いわば必要生産物部分[24]までくいこむかたちで収奪され，よって前期的商業資本の取得する余剰価値の源泉となりうるという点である。この点は，農産物取扱商業資本の「前期性」を理解する上で重要である。

以上，ここで近代的商業資本との対比での前期的商業資本の特質についてまとめるならば，その性格としては寄生性，絶対的自立性を示し，商品生産の未発達，交通・輸送手段の未発達を客観的条件としつつ「商略・欺瞞」といった経済外的手段に依拠し本来的不等価交換をおこない莫大な譲渡利潤を取得し，結果として，封建社会における余剰生産物をときには必要生産物にまでくいこむかたちで収奪するところの資本の種類であるということができる。そこで，前期的商業資本であるという場合の「前期性」規定の要点は，「安く買って高く売る」という譲渡利潤取得の運動形態にあるのではなく，その寄生性・絶対的自立性であり，経済外的強制（手段）に依拠した本来的不等価交換にあることとなる。

このような前期的商業資本における「前期性」規定の内容をふまえて，農産物取扱（産地）商業資本の「前期性」について整理しよう。

まず，その一般的性格としては，前期的商業資本一般と同様に，寄生的性格と絶対的自立性をあげることができる。その性格を小農にとっての生産物の価格形成・価値実現の問題としてとらえると，第１に小農生産物の費用価格Ｃ＋Ｖを償わない[25)]，第２に価格の乱高下が大きい，第３には価格形成の不明朗さと結びついた代金回収の不確実性といった点があげられ，総じて本来的不等価交換にほかならない。そのような交換の一般的条件としては，第１に農業の商品生産としての未発達であり，第２に農産物の商品化にかかわる保管・輸送・通信等の流通・市場条件の未発達である。また，さらに具体的条件は経済外的強制にもとめることができる。これらを総括すると，表１−１のようである。

以上，これまで必ずしも明確に規定されていたとはいえない「前期性」概念について，その厳密化をこころみた。しかしながら，このような「前期性」規定はそれ自体いまだ一般的であり，実証のための十分に有効な分析指標を提供しているとはいえない。したがって，つづいて，農産物取扱商業資本の「前期性」を規定する条件について一層の具体化をすすめる。

表 1－1　農産物取扱商業資本の前期性と近代性

	前　期　性	近　代　性
一般的性格	寄生性 絶対的自立性	相互補完性 相対的自立性
一般的条件	①商業的農業の未発達 ②交通・輸送等の未発達	商業的農業の発達 交通・輸送等の発達
具体的条件	経済外的手段 （商略・欺瞞）	経済的手段
価格形成・価値実現の特徴	①C＋V以下 ②価格の乱高下 ＝不等価交換	C＋V以上 （C＋V＋m） 価格の安定化 ＝等価交換

(3)　農産物取扱商業資本の前期性を規定する具体的条件

ここでの課題は，前期的商業資本一般から演繹された農産物取扱商業資本の存立条件について，より具体的に明らかにすることである。それは，第1に商業的農業の未発達とはいかなる内容を意味するのか，第2に農産物の商品化にかかわる流通・市場条件の未発達ないし未整備とは具体的にどういうことか，第3に経済外的強制とはいかなることをさすのか，という点である。

ところで，農産物取扱商業資本の前期的運動ないし取引は，G－W(購買過程）における価値以下での買いとW－G（販売過程）における価値以上での売りとの2つの段階からなる。したがって，不等価交換の条件をより具体的にとらえる場合，さしあたり一方での産地市場における購買条件，他方での消費地市場における販売条件の2局面にわけて考えることができる。とくに，農産物取扱商業資本の前期性を小農にとっての農産物価値実現の問題としてとらえるならば，G－Wにおける不等価交換が直接的に重要となる。既存の研究における農産物取扱商業資本が前期的商人であるという事実の指摘も，主に産地市場での小農との取引関係についてなされている。したがって，ここでは，商業資本の購買過程すなわち産地市場における商人と小農との取引関係に注目しながら考察をすすめねばならない。

はじめに，第1の商業的農業の未発達な段階の意味について検討しよう。商業的農業が発達している，あるいは未発達であるというとき，そのメルクマールは一体何であろうか。

一般に商業的農業の発展は単純商品生産農業から資本主義農業へと転化していく過程としてとらえられる。すなわち，そこでは農業生産における資本・賃労働関係の有無をメルクマールとしている。しかしながら，今日のわが国の場合，高度に発展した資本主義の下で農業は依然として農民的小経営のまま滞留し，単純商品生産の段階にある。したがって，ここでわが国における商業的農業の発達について，とりわけその生産物の価値実現水準がＣ＋Ｖ以上か以下かにかかわって問題とするとき，単純商品生産であるか資本主義的生産であるかという大まかな区分をそのまま適用しえないのであり，単純商品生産すなわち小農のままでのその内部における質的変化にかかわる指標と区分を提示しなくてはならない。

たとえば，三国英実氏は農産物取扱商業資本の前期性を規定する条件について次のように述べている。「農産物生産の単純商品生産としての性格，これにもとづく農産物商品の使用価値的制限，さらに加えて……農産物生産の個別性，季節性などの諸条件は，農産物取扱商業資本の……前期的取引を可能にさせている」[26]。農産物取扱商業資本の前期性を規定する条件として，農業の単純商品生産的性格を指摘すること自体は正しい。とはいえ，それでは一般的にすぎる。一般的規定にとどまるがゆえに，その裏がえしとして，農産物取扱商業資本が近代化する条件についてもたんに「商業的農業の発展……につれて」[27]と漠然と述べるにとどまる。

また，三国氏が農産物商品の使用価値的制限を単純商品生産としての性格にもとづくものとしていることには，疑問を呈さざるをえない。なぜならば，後に展開するように，農産物の使用価値的制限は単純商品生産そのものによって基本的に規定されているのではなく，単純商品生産であることによって強められていると理解すべきだからである。そして，そもそも単純商品生産としての経営経済的性格変化の問題は，農産物の物的性格等の問題とはかかわりなく明らかにされるべきであろう。ここで明らかにすべきは，あくまでも農産物取扱商業資本が小農からの生産物の購買過程においてかなり長期的・恒常的にC＋V（費用価格）をわる不等価交換をおこないうる場合の，それが成立しうる農業生産側の事情にほかならない。いいかえれば，C＋V以下の交換・取引を長期にわたって受け入れうる農業生産の内的性格という本来的不等価交換成立の農業生産側の客観的条件の具体化なのである。このような点については，三国氏はなんら立ち入って明らかにすることはなかった。

小農そのものの内的・質的な性格変化について，小農生産物価格のC＋V実現との関連でとくに問題にすべきは，労賃範疇の確立いかんである。わが国の，小農経営の発展段階については，ほぼ以下のように整理されている[28)]。①自給経済的小経営，②自給基調的な小商品生産経営，③順当な小商品生産経営，④「企業的」小経営，である。この分類を労賃範疇の確立いかんという点から区分すると，自給経済的小経営と自給基調的小商品生産経営が商業的農業の未発達な段階であり，順当な商品生産経営と「企業的」小経営が商業的農業の発達した段階であるといえよう。つまり，自給経済的小経営ないし自給基調的小商品生産経営の段階では小生産における自給部分が商品生産部分を上回り，よって経営全体がいまだ商品生産の原理により貫かれておらず，自家労働評価も未熟な状態にある。そこでは，労賃範疇確保の要請は微弱である。それに対し，順当な小商品生産経営ないし「企業的」小経営の段階では，すでに小生産において商品生産部分が自給部分を凌駕し，商品生産・商品経済原理が経営全体を貫き，自給部分までもそのもとに規定されるにいたる。そのなかで，自家労働に対する評価も一定の高まりを示し，よって労賃範疇確保の要請が一般化する。

以上のように，前期的商業資本の存立条件としての商業的農業の未発達な段階とは，小農の発展段階区分としては自給経済的小経営，自給基調的小商品生産経営をさし，その内容は経営全体がいまだ自給性を強く残し商品生産原理により貫かれていないことである。それゆえ，その最も具体的な指標は商品化率であり，その低位性である。それを主体的契機としてとらえなおすならば，自家労働評価の問題であり，その未熟さである。

交通・輸送等流通・市場条件の未発達とは具体的にいかなる状態をいうのか，これが第2の点である。このことは一般的には次のように理解される。すなわち，農産物市場の地域的・時間的拡大がいまだ不十分で，地方分散的市場が全国的市場を中心とする体系に包摂されるにいたらない段階，いいかえれば，地方個別市場が価格形成をめぐり中央大市場と相互有機的に結合されて，その結果，基本的には一物一価の法則が支配する段階に達していないということである。このような状態は，農産物取扱商業資本が農産物の地域的・時間的・段階的価格差を利用することにより，平均利潤以上の譲渡利潤を取得する客観的条件を提供している。

この内容は，商業資本が購買・販売をおこなう産地・消費地市場相互の地域的・時間的隔たりといういわば市場の局地性についての市場形成論的視角からの指摘であり，前期的商人が市場分断をおこないうる重要な条件である。とはいえ，より具体的にはそれに加えおのおのの産地市場・消費地市場，とりわけ産地市場における競争の不完全性が競争構造論的視角から明らかにされねばならない。

産地市場での競争が不完全であるというとき，その条件は次のような点である。①生産者が多数であるのに対し，商人はきわめて少数であること，②市場情報が不十分であること，③市場組織の不十分性。このことを生産者の市場対応の問題としてみると，商人に対し価格交渉力がなく，同時に価格交渉をおこなうための情報をもたず，さらに他の商品化のルートをもたないということである。そこで，不完全市場条件下では自由な競争はおこなわれず，生産者側にとっては販売の自由度の低さとしてあらわれる。いわゆる閉鎖的市場と規定されるゆえんである。

第3の農産物取扱商業資本が前期的商業資本として存立する具体的条件は，それが経済外的性格をもつかどうかという点をメルクマールとして厳密に規定されねばならない。

これまで，御園氏らにより規格・運送・保管といったいわゆる流通過程に延長された生産過程の諸機能を運用することが，商人による前期的な譲渡利潤取得の具体的条件であると指摘されている[29)]。つまり，農産物取扱商業資本が前期的商業資本であるとき，たんに商業機能を果たすのみならず，いわゆる物的流通機能をも遂行するという特徴をもち，そのことを通して市場遮断をおこない莫大な譲渡利潤を得ているという理解である。

しかしながら，農産物取扱商業資本が商業機能とあわせて物的流通機能をも担当していることは，少なくとも理論的には商業資本が前期的であるか近代的であるかとは直接に関連のない内容である。商業資本が商業機能とあわせて物的流通機能をどこまで担うのかはいわゆる商物分化の問題であり，一般には社会的分業の進化の程度による。したがって，たとえ商業資本が物的流通機能を担うことが譲渡利潤を拡大しうる可能性を提供するものであるとしても，そのこと自体は決して莫大な譲渡利潤取得の必然性を保証しないのである。

今日にみる農産物流通における商物分化の困難性は，農産物の個別性，腐敗性，損傷性，増嵩性といった商品特性に規定されている。それら農産物の商品特性は，一方で小農的生産構造によるものであるが，基本的には農産物が有機的生産過程において「生命あるもの」として生産されることによる[30)]。それゆえ，有機的生産物としての農産物の商品特性，およびそれに規定された商物分化の困難性が存在するかぎり，前期的であると近代的であるとを問わず，農産物取扱商業資本は商業機能と物的流通機能をあわせて担当することとなる。とすれば，要は前期的商業資本がたんに物的流通機能を担うというのではなく，それを経済外的強制と結びつけていかに支配・運用するかという点にこそある。

一般に経済外的強制とは，封建社会における剰余労働取得の方法・手段を特徴づけた概念であり，その主な内容は土地緊縛と農民の財産能力の欠如にあるとされる[31)]。商業資本についていう場合，直接に土地緊縛は問題とならず，よって農民の財産能力の欠如に注目しなくてはならない。とすれば，第1に，経済外的強制の1つとして資金・資材等の前貸の恒常化による取引関係の固定化をあげることができる。前貸・取引関係の固定化が，たんなる前貸関係をこえて農民の商人に対する地位関係を隷属的なものとすることは明らかであろう。また，第2に，流通過程に延長された生産過程の諸機能との関連では，それら物的流通機能の遂行が不公正な取引に利用され，とりわけ不公正な取引のあり方が一定の商習慣として固定化される点が指摘できる。たとえば，繭の水引，肉豚の水引，茶の粉引等の商習慣は実質的な量目のごまかしとしての意味をもった。

(4)　農産物取扱商業資本の前期性を制限する条件の形成

以上の考察により，農産物取扱商業資本が前期的行動をとりうる条件をより具体的に明らかにした。それらの条件が満たされる場合にのみ，農産物取扱商業資本は前期的商業資本として存在しうるであろう。ここでは，先に規定された条件が今日のわが国の農産物市場にみられるかどうか，すなわち，農産物取扱商業資本に前期的商人規定が適用しうるかどうかを検討する。

第1点は，今日の日本農業の発展段階をいかに理解するかである。御園氏は1960年当時のわが国の小農経営の発展段階について次のように述べている。いまだ自給基調的な小商品生産経営がなお広汎に残存するなかで，最近，顕著に順当な小商品生産経営への動きが大きく展開し，それがようやく支配的となって，一部には微弱ながらも「企業的」小経営への発展の動きさえみられると[32)]。その後の商品化率の推移をみると，たとえば水稲では1960年の63%から75年の81%へと高まり，他の主要農作物についてもおしなべて8割，9

割台の水準にまで上昇している。もちろん，小農経営の複合性から品目別の商品化率をもって直接に経営ベースでの商品生産原理の貫徹をいうことはできないが，全体として農業の商業化進展の重要な指標である。また，農業粗収益の現金割合は60年の73％から72年86％，81年90％と上昇し，農家家計費の現金割合についても60年の67％から72年85％，81年82％と８割を上回るにいたる。さらに，自家労働評価の点については，55年以降高度経済成長と労働力市場の展開を背景に自家労働力がオポチュニティ・コスト化することによって労賃範疇の形成がすすんだとされる[33]。このようなことから，今日のわが国における商業的農業の発展段階について，全体として小農は順当な小商品生産経営の段階にあるということには，ほぼ異論はないであろう。要するに，今日すでに，小農と商人との取引においてＣ＋Ｖ以下の不等価交換が成立しうる条件は基本的にない。

第２点である流通・市場条件については，戦前期すでに一定の整備がすすめられ全国的市場圏の形成が指摘できるが，戦後とりわけ高度成長期以降の輸送手段を中心とする物流整備の進展は，全国的市場体系の深化をもたらすまでにいたっている。それでは，産地市場における競争の不完全性の程度いかんといった点はどうであろうか。この点についても，多くの品目について共販体制整備，産地流通センター設置等の一連の動きがみられ，今日では基本的に農家が特定の商人への販売以外に商品化の途はないという状況にはない。農家による市場情報の入手も容易である。したがって，今日の市場条件の下では小農といえどかなり自由な販売対応をなしうるといえよう。このような産地市場構造のあり方は，商人による不等価交換を制限する現実的条件である。

最後に，以上のような客観的条件が変化するなかで，具体的手段である前貸関係および古い商習慣も消失するか，あるいはその内実の変化を余儀なくされる。１つに，農家経済の発展により前貸関係は減少し，逆に農家が商人に対し実質的に信用を与える場合がみられる。２つに，古い商習慣が産地流通・加工施設の整備により消失するか，または不公正な取引としての実質を失うこととなる。3つに，全国的市場体系化の進展により市場間価格差は流通費負担に解消される傾向を示し，その結果，物的流通機能担当の意味が合理的・近代的性格をもつようになる。

以上の考察で明らかなように，今日の農産物取扱商業資本はすでに前期的商業資本として存立しうる条件になく，よってその本質を前期的商業資本とは規定しえないのである。

11）たとえば，小野誠志「生産組織と市場対応問題」農業技術研究所『昭和48年度専門別総括検討会議報告（農業経営部門）』1974，pp. 117-123，あるいは，佐藤正「変化した商人の流通機構」吉田寛一編著『畜産物市場と流通機構』農山漁村文化協会，1972，pp. 409-422。

12）流通近代化論の代表的論者である林周二氏は，規模の経済の原則に立ち流通企業は「本来的に大規模的存在である必要がある。……中小企業的存在は原則として存在理由をもちえない」と述べている（同氏『流通革命新論』中央公論社，1964，pp. 179-180）。

13）大内力『日本農業論』岩波書店，1978，p. 267，三浦賢治「商業資本と協同組合に関する一考察」北海道大学農学部『農経論叢』第38集，1982，pp. 35-36。

その公式的理解の要点は，商業が産業資本に従属することをもって近代的商業資本であると規定することにある。すなわち，近代的商業資本とは，産業資本の一形態としての商品資本の価値実現，いいかえると資本の商品形態から貨幣形態への転化の過程を，特殊資本の特殊機能として代位担当するものであり，その結果，剰余価値のなかから商業利潤が分与される資本をいう。これは，近代的商業資本の原理論的規定であり，純粋資本主義経済下における商業資本の本質を指摘している。

しかし，今日のような高度に発達した独占資本主義の成立にもかかわらず，同時に小農が広汎に存在しているという特殊な状況下において，その小農の生産物をとりあつかう商業資本の性格を明らかにする場合には，そのような原理論的規定を直接適用できないことはいうまでもない。

14）マルクス『資本論』長谷部文雄訳，第5分冊，青木書店，p. 837，および，岡田与好「前期的資本の歴史的性格」大塚久雄・高橋幸八郎・松田智雄編著『西洋経済史講座Ⅰ　封建制の経済的基礎』岩波書店，1960，pp. 353-360。

15）岡田，前掲論文，p. 360。詳しくは，大塚久雄『大塚久雄著作集第3巻　近

代資本主義の系譜』岩波書店，1969，pp. 412-418。

16）マルクス，前掲書，第4分冊，p. 466。

17）森下二次也『現代商業経済論――序説＝商業資本の基礎理論――』有斐閣，1960，p. 77。

18）大塚，前掲書，pp. 29-30。

19）同上，pp. 37-38。

20）同上，p. 53。

21）マルクス，前掲書，第4分冊，p. 463。

22）同上，pp. 467-468。

23）譲渡利潤（profit upon alienation）の理解については，異説もある。

たとえば，岡茂男氏は，譲渡利潤について「商品の譲渡，すなわちそのたんなる売却によって実現される利潤をいい，商品をその価値以上のより高い価格で売ることから発生する」(傍点――引用者)とし，そこでの手段は詐欺・瞞着等をあげている。つまり，それは，譲渡利潤とは詐欺・瞞着等の手段を用いることにより，商品を価値以上で売ることから生ずるものであるという理解である。その理解は，マルクス『剰余価値学説史』のなかの第1章「サー・ジェームズ・スチュアート」の叙述をふまえ，マルクスが譲渡利潤概念をたんにスチュアートから援用しているにすぎないということを根拠としている（資本論辞典編集委員会『資本論辞典』青木書店，1961，p. 262)。

しかしながら，本文ですでに展開したように『資本論』においてマルクスが譲渡利潤概念をそのような意味に限定して用いているとはいえない。

最近の解説では，加藤義忠氏が次のように述べている。「商業資本は，G―W―G′という独自の運動形式をえがきながら，商業利潤の最大化をめざして運動する。この商業利潤は，流通過程においてのみおこなわれる活動，すなわち購買と販売という2つの活動をとおして取得される。それだけではない。それは，第2段階の販売によって取得される。この意味において，商業利潤は譲渡利潤ということができる」(経済学辞典編集委員会編『大月経済学辞典』大月書店，1979，p. 495)。

24）封建社会において，必要生産物という概念は成立しうるであろうか。そもそも，一般的・平均的生活水準なるものが存在しなければ，余剰生産物に対する必要生産物なる概念は存在しないであろう。しかし，ここでは，生産者が生活水準の切り下げにより対応しなくてはならない事態を擬制的にそのように表現しておく。

25）ここで，農産物の価値実現水準がC＋V以下である場合を前期的とすることには問題がないであろうが，C＋Vを償えば近代的であるとしてよいのかという点については若干の異論があろう。C＋VではmあるいはPを実現していないということである。つまり，小農生産の場合であっても，その価値実現はC＋Vのみにとどまらず P の実現・獲得をもって近代的とすべきではないかという問題提起である。

この点は，マルクスの分割地農民についての指摘とのかかわりで資本主義下における小農生産物の価値実現水準をいかに理解するかという農産物価格論における理論上の問題であり，あわせて，今後の日本農業の担い手の性格を措定する上で重要な論点である。理論上の問題はさておき，後者の点についていえば，具体的には，1つは近い将来における資本主義的農業の成立・展開を展望するのか，いま1つに当面は小農のままでの維持・発展を主張するのかという2つの道の選択にかかわる。筆者は現段階において後者の立場をとり，したがって，小農生産物の価値実現水準はさしあたりC＋V水準の維持・確保を問題とすべきであり，近代的の意味もPの実現をもっていうのではなく，より広い意味でとらえている。

なお，小農にC＋Vが保証される場合の農産物取扱商業資本が取得する商業利潤の源泉は小農が生産したmの一部分（m′）にほかならず，よって，消費者が支払う価格はC＋V＋m′となる。

26）三国英実「農産物市場における手数料商人化に関する一考察」日本農業経済学会『農業経済研究』第43巻第1号，1971，pp. 3－4。

27）同上，p. 4。

28）御園喜博『果樹作農業の経済的研究――「成長部門」の経済構造――』養賢堂，1963，pp. 84-86，あるいは，御園喜博『現代農業経済論――小農経営の発展と変質――』東京大学出版会，1975，pp. 23-25。

29）御園，前掲『農産物市場論』，pp. 40-41。

30）佐藤治雄「農産物市場における選別，輸送，保管機能」川村琢・湯沢誠・美土路達雄編『農産物市場論大系第2巻　農産物市場の形成と展開』農山漁村文化協会，1977，p. 316。

31）大阪市立大学経済研究所編『経済学辞典（第2版）』岩波書店，1979，p. 296。

32）御園，前掲『果樹作農業の経済的研究』，p. 86。

33）御園，前掲『現代農業経済論』，p. 58。

第2節　農産物取扱商業資本の手数料商人化傾向について

(1)　はじめに

先の考察により，今日の農産物取扱商業資本は基本的には前期的商人規定を適用しえないことが明らかとなった。農産物取扱商業資本に関するいま1つの理解は，いわゆる手数料商人規定である。

そのような指摘は，まず『戦後の農産物市場（下巻）』のなかの美土路達雄氏の論稿にみることができる。氏は，独占資本主義段階における商業資本の変質に関するヒルファディングの指摘を農産物取扱商業資本の場合に援用している。国家独占資本主義段階における市場編制の進行により，農産物取扱商業資本は「たんなる配給実務のための商人，つまり加工資本ばかりでなく，国家独占のたんなる代理商的な存在に変質せざるをえない。機能的にいえば手数料商人化である」[34]。その後，川村琢，平井正文，御園喜博の各氏により実証，整理がすすめられ，農産物取扱商業資本の手数料商人化理解が1つの見解としての位置を占める。とはいえ，それらの業績においては独占段階の下で農産物取扱商業資本が手数料商人化するという場合の，その特質とメカニズムについては十分に明らかにされていなかった。

その点について理論的考察をおこなったのが三国英実氏である。氏の論文「農産物市場における手数料商人化に関する一考察」は，手数料商人化論の理論的な現段階的到達点であるといえる[35]。しかしながら，三国論文はその理論的前進面をもちつつも，以下のような基本的問題点をはらんでいる。第1に，氏が不明確な手数料商人概念を用いて考察をすすめた点であり，第2に，考察にあたって規格，運送，保管といった物的流通機能を捨象したという方法上の問題点，第3には，それとの関連で農産物取扱商業資本の独自性を指摘しながらも，その指摘が論理展開においてほとんど生かされていないという点である。

ここでは，三国論文を中心に以下の手順で考察をすすめる。第1に，氏の用いた手数料商人概念のもつ曖昧さについて触れる。第2に，農産物取扱商業資本の独自性に注目しながら三国論文の内在的検討をおこない，以上により，今日の農産物取扱商業資本についていわゆる手数料商人規定を全面的には適用しえないことを明らかにする。

(2)　手数料商人の概念について

農産物取扱商業資本の手数料商人規定については，美土路氏にみるようにもともとヒルファディングの『金融資本論』における指摘を援用している。

ヒルファディングは，独占的結合による商業の変化について次のように述べている。「カルテルは自分の法則を商業に強制しうるだろう。だが，この法則の内容は商業から独立性をうばい価格決定〔価格決定力〕をとりあげることになろう」[36)]。カルテル化は「商業操作を制限し，この操作の一部分をとりさり，そして残りの部分をカルテル自身の賃労働者たる販売代理人によっておこなう。そのさい従来の商人の一部分は，たぶんこのような販売代理人にされよう。そうすれば，カルテルはかれらに購入価格と販売価格とをきちんときめるのであって，その差がこれら『商人』の手数料となる。この手数料の高さは平均利潤の高さによってきまるのではない。それはカルテルのきめる報酬である」[37)]。

ここでは，あくまでも独占の供給する商品をとりあつかう商業資本の場合について，その形態が独占に従属した販売代理人化することを指摘している。その主たる内容は，商業資本がその独立性と価格決定力を失うことであり，よってその取得する利潤は決められた購入価格と販売価格との差額として与えられる手数料であり，その水準は平均利潤以下の報酬であるということである。つまり，以下の点が確認できる。第1には，ここでの手数料とは，「売買差益としてではなく売買価格（販売価格）に対して一定の割合で支払われる売買手数料」という商学上の意味ではなく，いわゆる独占から与えられる報酬をさしているということ。第2に，したがってまた，ヒルファディングがここで指摘した重要な点は商業資本が形式的・機能的に手数料商人化するということにあったのではなく，平均利潤以下の実質的賃金水準の報酬しか取得しえない販売代理人化するということにあった。それゆえ，独占資本主義下における商業資本の変質に関する指摘は，本来，手数料商人化というよりも，より狭い意味での販売代理人化という配給組織の形成を示唆する内容としてこそとらえられねばならない。

とすれば，農産物取扱商業資本を手数料商人と規定した論者の多くは，販売代理人と手数料商人とを厳密に区別せずにヒルファディングの販売代理人化の指摘を安易に手数料商人化として援用してきたといえる。そのことが，これまでの多くの論者における手数料商人規定の曖昧さ，よって手数料商人化論自体の不十分さの出発点であった。

手数料商人なる概念は，本来，次のように理解される。手数料商業・商人とは一般には商業の機能分化の一形態である。それは，他者の委託をうけ，あるいは他者にかわって商品の所有権を取得しないままに売買活動の一切をおこなう。所有権を取得しないことから，投下される資本は売買操作資本のみであり，商品買取資本は必要としない。それゆえ，商業利潤は売買操作に対し手数料のかたちで与えられる。

手数料商人は，大まかには委託売買業と代理商との2つの形態にわけることができる[38)]。両者の差異は次のような点である。委託売買業の場合，委託者に対する関係からはたんなる代理人にほかならないが，特定の単数委託者の代理人ではなく多数の委託者の共同代理人であることから商業資本として一定の自立性が認められる。他方，代理商については特定の委託者の専属代理人であることから，その実質は販売労働者にすぎず，その商業資本としての自立性は否定されている。

このことから，両者が取得しうる手数料の内実も異なることは明らかである。委託売買資本の場合，販売価格の設定において独自的機能を果たすことができ，よって取得する利潤は手数料の形態をとるとしてもその水準は自由競争下では平均利潤となる。それに対し代理商の場合は，販売価格の設定機能をも奪われ，そこで得られる利潤は独占から与えられる報酬としてであり，その水準は平均利潤を大きく下回ることとなる。

以上みたように，手数料商人とは，一般に商業資本の機能分化がすすんだ形態をいうとはいえ，一方で，商業資本として一定の自立性をもち，したがって自由競争下においては平均利潤を取得する委託売買業と，他方で，商業資本としての自立性を完全に否定され，たんに独占から平均利潤以下の報酬しか与えられない代理商というその経済的性格を大きく異にする形態を包括した概念にほかならない。いいかえれば，手数料商人とは産業資本主義段階および独占資本主義段階にわたって広く存在しうる形態であり，独占段階にのみ特有な商人の存在形態なのではない。それゆえ，とくに独占資本主義下における商業資本の性格変化を問題として考察をすすめる場合，手数料商人概念はきわめて不適切な用語であるというべきであろう。

三国氏においても考察の中心課題は，国家独占資本主義段階における手数料商人化の論理を明らかにすることであり，そこで問題にされているのはたんなる手数料商人化ではなく，販売代理人化の問題であった。氏は以上の用語上の区別をふまえつつも，考察において手数料商人概念を両者の意味で用いている。したがって，以下検討をすすめるにあたっては，広義の形式的ないし機能的手数料商人化と狭義の実質的手数料商人化との区別を念頭におくことが必要である。

(3)　手数料商人化の条件とその一般化の困難性

ここでは，三国論文「農産物市場における手数料商人化に関する一考察」における氏の論述をたどりながら，手数料商人化の論理を整理し検討を加えよう。

三国氏によれば，まず独占資本主義段階において独占資本は平均利潤以上の独占利潤を取得し，他方，中小零細資本は平均利潤以下の低利潤しか取得しえないとされる。さらに，森下二次也氏の指摘するように「独占商品をとりあつかうことができないということ自体すでに従属関係の消極的表現であ」[39]り，よって「独占商品をとりあつかわない非独占商業資本も結局においてこの非独占利潤率による商業利潤しかうけとりえない」[40]。同様に，農産物取扱商業資本についても，「独占資本主義のもとでは，そうした非独占商業資本一般の激しい競争にまきこまれることになり，そこで取得する利潤率も平均利潤率以下の低い水準にきめられる」[41]とする。以上を総括して，「独占資本主義のもとで，農産物取扱商業資本が実質的に手数料商人化するという意義も，まさにこうした基本的傾向として指摘することができる」[42]と述べている（傍点——引用者）。

ここで明らかなように，三国氏は，農産物取扱商業資本の取得する商業利潤の平均利潤率以下への低下傾向をもって実質的な手数料商人化と規定している。しかし，ここでは用語上の問題にはそれ以上立ち入らず，氏の論理展開について検討しよう。

独占段階において，中小零細資本である非独占産業資本は独占産業資本との直接的競争下におかれ平均利潤率以下の低利潤しか取得しえないことは一般的にはいえる。また，非独占産業資本・非独占商業資本間における資本の自由移動も基本的には認めることができ，したがって，産業資本であれ商業資本であれ中小零細資本であるかぎりその取得しうる利潤は低利潤とならざるをえない。しかし問題は，そのような非独占商業資本一般の競争条件が農産物取扱商業資本についてストレートに適用しうるかどうかである。いいかえれば，非独占商業資本内部での異種部門間において参入障壁が存在せず資本の自由移動を前提しうるかどうかであり，よって，農産物取扱商業資本が非独占商業資本一般の競争にまきこまれうるかという点である。このことがいえない限り，農産物取扱商業資本の取得する利潤が平均利潤以下の低利潤となり，したがって，氏のいうような意味での実質的な手数料商人化の論理は完結しない。

この点とかかわって，三国氏自身次のような指摘をしている。「独占資本主義のもとでも，農産物取扱商業資本は，小農と結びつく限りでは，農産物の商品化の過程でなお相対的独自性を発揮しうるし，小農の弱点を利用した利潤取得の可能性も存在する」[43]。しかし，同時に「独占資本の支配が確立し，……独占的高利潤が確保されている条件のもとでは，農産物取扱商業資本といえども，かつての前資本主義的商業資本の譲渡利潤の取得はもちろんのこと，資本主義の自由競争の段階での平均利潤の取得も許されなくなる」[44]と述べる。このように，三国氏は農産物取扱商業資本の特殊性に着目しながらも，その点を論理展開のなかにとりこむことはなかったのである。

また，氏は「農産物の商品化の過程でなお相対的独自性を発揮」することと，「小農の弱点を利用した利潤取得」とを，ほぼ同列にとらえているようである。しかし，小農生産物の使用価値的特質と小農の経済的性格とが別のことであるように，両者は必ずしも相互に結びつく内容ではない。前者は，商業資本間の競争関係にかかわる内容であるのに対し，後者は，商業資本と小農との取引関係にかかわる内容にほかならない。とすれば，ここで他の非独占商業資本一般との競争関係について問題にする場合，農産物取扱商業資本が農産物商品化の過程において相対的独自性を発揮しうるという点に注目しなくてはならない。

商業資本一般は本来的に取扱商品の使用価値から自由である。それは，商業活動が再販売購入と表現されるように，商人の購買は自ら消費を目的としたものではなく，はじめから再販売を目的としたものであるため，商品の使用価値の質と量から制限を受けないということである[45]。それに対し，農産物取扱商業資本の場合，取扱商品である農産物の使用価値的特質の制限を強く受けざるをえない。農産物の使用価値的特質とは，第１に農産物の個別性（標準化の困難性)，腐敗性，損傷性，増嵩性などの物的性格であり，第2には生産の季節性，地域性といった点である。これらの点は，農産物の多くの品目について多かれ少なかれ共通する性格であろう。したがって，農産物取扱商業資本は農産物の商品化を担当する上で，純粋な商業機能のみならず，あわせて農産物の使用価値的特質に対応した相対的に独自な機能を果たすことが必要とされる。この点は，たんに非独占商品をとりあつかうというのみならず，有機的生産物をとりあつかう農産物取扱商業資本の特殊性である。

この農産物商品化機能の独自性が，農産物取扱商業資本部門への他の非独占商業資本の新規参入にとって，1つの大きな参入障壁となることは明らかである。それゆえ，当該部門間の資本の自由移動は妨げられ，農産物取扱商業資本の取得しうる利潤が低利潤に均衡化するとはいえない。したがって，次のように結論できる。農産物取扱商業資本は，たんに非独占商品をとりあつかうのみならず有機的生産物をとりあつかうという特殊性のため，商品化にかかわって相対的に独自な機能を果たすことが要求される。このことから，機能面からみても，農産物取扱商業資本をいわゆる無機能化した商業資本の一形態である手数料商人として規定することは一般には困難である。また，その独自な機能が参入障壁となることにより，農産物取扱商業資本は他の非独占商業資本の激しい競争裏にまきこまれえず，よって平均利潤以下の低利潤しか取得しえない実質的手数料商人とも規定しえない。

つづいて，三国氏は国家独占資本主義的農産物市場政策の展開により，農産物取扱商業資本の制度的な集中と商業資本の独自的諸機能の規制を通して農産物取扱商業資本と商業利潤の節約が推進されると述べる。そして，そのような市場政策の展開により，農産物取扱商業資本の手数料商人化は「政策的に補強される」[46]（傍点――引用者）と指摘している。また，その具体的手段としては，第1に農産物の格付け，検査制度，情報網の整備，第2に穀物取引所に対する規制や中央卸売市場制度の確立などの農産物の取引に間接，直接に介入すること，第3に国家が農産物価格の決定に直接介入することをあげている。

ここでの三国氏の指摘の基本的問題点は，農産物取扱商業資本の手数料商人化が国家独占資本主義的農産物市場政策の展開により補強されるという理解にある。この理解は，氏が先に指摘したように独占段階においてすでにかなりの程度手数料商人化が進行していることを前提する。国家独占資本主義的市場政策は，独占による手数料商人化の進展に対し，その補強手段として位置づけられている。しかしながら，先にみたように，独占段階においても多くの農産物について農産物取扱商業資本がその商品化にかかわって相対的に独自な機能を果たすことから，容易に手数料商人化されえない。とすれば，農産物取扱商業資本の手数料商人化は，国家独占資本主義的市場政策により補強されるのではなく，国家独占資本主義的市場政策の展開によりはじめておしすすめられると理解されなくてはならない[47)]。

三国氏が整理した農産物取扱商業資本の手数料商人化を促進する国家独占資本主義的農産物市場政策の具体的手段についてはどうであろうか。第1の農産物の格付け，検査制度，情報網の整備などの措置は，三国氏自ら指摘しているように，農産物取扱商業資本を近代化するものであり，手数料商人化へ直接結びつくものではない[48)]。第2の中央卸売市場制度の確立についても，農産物取扱商業資本の機能的手数料商人化をもたらすが，商業利潤の平均利潤以下への圧縮という実質的手数料商人化をもたらすものではない。それは，たとえば中央卸売市場の荷受資本が代理商ではなく委託売買資本だからである。事実としても，中央卸売市場の荷受資本が取得する利潤は決して平均利潤率以下の低利潤ではないことが指摘されている[49)]。第3の農産物価格政策の展開は，国家が農産物取扱商業資本の価格設定機能を剥奪するという意味をもつ。そこで，農産物取扱商業資本は実質的に国家独占資本主義の代理人となる。したがって，農産物価格政策こそが，本来的な意味で農産物取扱商業資本の手数料商人化を推進する国家独占資本主義的手段なのである。

総括しよう。農産物取扱商業資本の実質的な手数料商人化は，農産物の流通・加工過程に直接独占資本が進出する場合を除けば，国家独占資本主義的農産物市場政策の介入，それも農産物価格政策の展開によってしか進行しえないといえる。たとえば，機能的には手数料商人である農協の進出，中央卸売市場制度の確立についても，農協ないし荷受資本の平均利潤率以下の低利潤しか取得しえない実質的な手数料商人化を意味するものではない。とすれば，ヒルファディングのいう販売代理人化，あるいは三国氏のいうところの価格設定機能を奪われ，また平均利潤率以下の低利潤しか取得しえない実質的手数料商人化は，今日の農産物市場において特定の限定された局面についてしかいうことができない。したがって，自由市場農産物を中心にいまだ多くの品目の分野において，農産物取扱商業資本は実質的に，さらには機能的にも手数料商人化されず，一定の自立した商業資本として農産物の商品化の過程において相対的に独自な機能を果たしながら，需給調整と価格形成といった社会的機能を担っていると考えられる。

34）美土路，前掲書，p. 343。
35）湯沢，前掲書，pp. 413-414。
36），37）ヒルファディング『金融資本論（改訳版）』林要訳，大月書店，1961，p. 324。
38）森下二次也編『商業概論』有斐閣，1967，pp. 105-108。
39）森下，前掲書『現代商業経済論』，p. 338。
40）同上，p. 339。
41），42），43）三国，前掲論文，p. 5。
44）同上，p. 6。
45）鈴木武「商業機能」森下二次也監修『商業の経済理論』ミネルヴァ書房，1976，p. 43。
46）三国，前掲論文，p. 6。
47）この点について，田村安興氏は以下のように簡潔に述べている。「『手数料商人化』説の論者は，帝国主義段階における，独占の一般的な成立によって非独占部門においても実質的に『手数料商人化』する，と主張されるが，小商品生産者の生産物を取扱う商業資本のビヘイビアには独自の活動の余地が多く残されている。この現実と理論のギャップを埋めるため，“国家の介入”

というファクターが導入される」(同氏「商業資本『手数料商人化』説の検討——わが国独占資本主義成立期における農産物取扱商業資本の機能変化をめぐって——」高知大学経済学会『高知論叢』第21号，1984，p. 35)。氏による手数料商人化の論理の説明はきわめて要領を得たものである。

但し，注意を要するのは，手数料商人化論者が“国家の介入”をその基本的要因として位置づけていたかといえば，そうではないという点である。すなわち，論者は，あくまでその基本的要因を“独占”に求め，その補助的・補完的要因として“国家の介入”を位置づけている。

このことは，国家独占資本主義の理解にかかわる問題であり，直接には発展段階としての農産物市場類型をいかに措定するかにかかわっている。手数料商人化論者は，千葉燎郎氏が提起したように「国家独占市場機構を，農産物市場の最高の発展段階としてとらえるよりも，むしろ，私的独占が直接掌握しきれない場合の補完的な市場機構であるという側面でとらえ」(同氏，前掲論文，p. 112) る立場であると考えられる。

48) 三国，前掲論文，p. 6。

49) 岩谷幸春「集散市場体系下の青果物卸売・小売業の収益性のマクロ的分析」関西農業経済学会『農林業問題研究』第16巻第3号，1980，を参照のこと。

第3節　農産物取扱商業資本の現段階的性格と流通機能

(1)　農産物取扱商業資本の現段階的性格

これまでの考察により，自由市場農産物部門において今日の農産物取扱商業資本はその本質を前期的商人とも手数料商人とも規定しえないことが明らかとなった。前期的商人説は，農産物取扱商業資本の寄生性を強調する見解であり，よって農民的・社会的視点から農産物市場における商人排除を主張する基本的論拠とされてきた。また手数料商人説は，いわゆる国家独占資本主義的農産物市場編制の進展により農産物取扱商業資本が独占のエージェントとしての性格を強めていくという内容であり，そのような理解に立つかぎり農産物取扱商業資本に対して農産物商品化の担い手として積極的な位置づけが与えられることはなかった。しかし，前期的商人説では小農の商品生産としての発展，加えて農産物をめぐる今日的流通・市場条件をみないという基本的欠陥をもつものであったし，また手数料商人説では農産物取扱商業資本が商業資本一般に解消されており，農産物をとりあつかう上での独自的機能への配慮が不十分であった。したがって，あらたに現段階における農産物取扱商業資本の性格と機能を明らかにする場合，以下のような方法によらねばならない。第1に，国家独占資本主義という現代資本主義の一般的条件との関連を明らかにしつつ，第2には，取扱商品の供給主体である小農の商品生産としての発展段階をふまえて，農産物取扱商業資本の一般的性格を規定する。その上で第3に，より具体的に農産物取扱商業資本の独自的機能を明らかにする。

はじめに，このような方法を適用する背景について敷衍しておこう。それは，美土路・御園氏らの農産物市場論の前提である国家独占資本主義論の適用範囲についてである。たしかに，現代資本主義を国家独占資本主義と規定するのは一般的には正しい。しかし，全面的にその理解を適用しうるかといえば，そうではない。なぜなら，今日の資本主義において独占ないし国家部門が経済の主導的地位にあるとはいえ，もう一方に競争的な自由競争部門が広汎に存在しているからである[50]。そして，独占部門と非独占部門との間に価値分割をめぐって一般的従属関係をいうことができるとしても，独占部門に対する非独占部門の直接的従属をいうことはできず，非独占部門の一定の自立性を認めねばならない。

問題を流通部面にうつすならば，現代流通の特徴的変化はいわゆるレッセ-フェールの自由競争から独占により管理され，よって制限された競争への移行としてとらえられる。とはいえ，「流通過程にたいする独占体の管理と支配の機構はけっして完全なものではな」[51]く，それは多数の小農や「中小企業や消費者の流通過程での自主的で対抗的な行動を完全に否定できるものではない。独占体による管理と支配の機構は，いわば市場機構のなかのひとつの大きな潮流にすぎぬもの」[52]なのである。このように，現代流通のあり方は総体として，一方で独占体の主導する配給機構が形成されながらも，他方で独占体によって直接に支配されない分野が存続し，それが相対的に独自な市場局面を形成していると理解できる。農産物取扱商業資本が介在する市場は後者の市場局面の1つといえる。したがって，農産物市場という非独占的市場に存立する農産物取扱商業資本を考察する場合には，国家独占資本主義論あるいは国家独占資本主義的市場編制論を演繹的に適用する方法は有効たりえず，先に述べた複眼的分析方法が不可欠なのである。

それでは，現段階すなわち一方での独占資本主義段階，他方での小農の商品生産としての一定の発展段階の下での農産物取扱商業資本の一般的性格はいかに規定されるであろうか。今日の高度に発展した独占資本主義の下では，農産物取扱商業資本はおおむね中小零細資本としての性格が与えられる。それは，一般に農産物取扱商業資本の適正規模が，取扱商品である農産物の使用価値的制限により中小零細企業水準にとどまるからである。このような中小零細資本としての農産物取扱商業資本は，現代資本主義との関連でいえば，独占段階における相対的過剰人口プールの場として，また独占にとっての独占利潤追求のための収奪対象として位置づけられる。つまり，現代資本主義の下では，農産物取扱商業資本は中小零細性という資本としての性格により，独占に対する一般的従属性がいえる。

ところで，中小零細資本の独占に対する従属のあり方は，1つは下請制にみるように中小零細企業が独占の支配下におかれる直接的形態と，いま1つに「原料高・製品安」という価格・市場関係による間接的形態とがある。後者は，より具体的には，中小零細企業が購入する生産手段の多くが独占資本によって供給されるためその購買価格が独占利潤をふくんだ高価格であるのに対し，製品の販売価格は中小零細資本同士の過当競争により相対的に低価格となるということである[53)]。

農産物取扱商業資本の独占に対する従属性は，一部に直接的従属形態もみられるものの，多くの場合，価格・市場関係を媒介とした間接的形態をとる。したがって，その従属性の程度いかんにはかなりの幅があり，決して固定的・不変なものではない。それゆえ，農産物取扱商業資本が中小零細資本としての独占に対する一般的従属という制約条件の下にあるとしても，そのような制約条件自体，農産物取扱商業資本の主体的市場対応いかんではかなりの程度改変しうるものなのである。つまり，農産物取扱商業資本は一方で現代資本主義の下で独占への従属的な性格をもちつつも，同時に自立的な商業資本として与件であった市場条件を緩和ないし改変するという独占への対抗的な性格をもちうる。

それでは，小農，それも商品生産として一定の段階まで達した小農との関連で，農産物取扱商業資本の性格はいかにとらえられるであろうか。つまり，小農との関連において寄生的性格をもつか，相互補完的性格をもつかということである。小農が商品生産として一定の発展段階に達した条件下では，小農といえどより合理的市場対応をとることから農産物取扱商業資本も商業固有の社会的機能を果たすことが必要とされる。商業固有の社会的機能とは商業資本が多数の農家の個別的な販売を代位担当することにより，農家の個別的販売とくらべて需要と供給の結合がより容易となり，また流通費用の節約と流通時間の短縮が可能になる働きのことである。この点は，商業資本のとりあつかう商品が単純商品であれ資本制商品であれ変わるところではない。それは，商業資本がG—W—G′の運動において前貸するGは貨幣資本であり，そこで購買された商品Wはすでに商品資本であって，農産物取扱商業資本間の競争は同様に貫徹することによる。それゆえ，農産物取扱商業資本は農産物の商品化を小農自らがおこなうよりも合理的に遂行しうるという，いわば農産物商品化にかかわって社会的機能を担うかぎりにおいて存立しているといえる。この点は，国民経済総体との関係では農産物取扱商業資本の合理的性格であり，とくに小農との関係ではその相互補完的性格である。

(2)　農産物取扱商業資本の独自性と流通機能

農産物商品化の過程において農産物取扱商業資本が果たす独自的機能はいかにとらえられるであろうか。

商業資本一般が果たす機能は，通常，本来的機能としての商的流通機能と付随的機能としての物的流通機能とに分類される。商的流通機能として需給調整，価格形成，さらに金融，危険負担といった機能を，物的流通機能として運送，保管などの機能をそれぞれあげることができる。商的流通機能と物的流通機能とは，流通過程の二重性，すなわち商品流通の価値的側面と使用価値的側面という２つの側面に対応した機能にほかならない。

しかし，一般には商業資本を考察する場合，運送，保管などの物的流通機能をたんなる流通上の付随的機能として捨象する。それは，これらの機能が実際上商業資本に固有な本来的機能と結びついているとしても，あくまでも商業独自の機能とはいえないからである[54)]。歴史的にも，「社会的分業の発展につれて,商人資本の機能が純粋にも——すなわち,右の現実的諸機能(運送・保管)と分離され,自立的に対立して——作り出される」[55](括弧内引用者)からである。

とはいえ,ここで農産物取扱商業資本の独自的機能を明らかにする場合には,商的流通機能のみをとりあげ,物的流通機能を捨象することは決して正しい方法とはいえない。その理由は,第1に,ここで分析対象としているのは抽象的存在としての商業資本一般ではなく,より具体的・現実的存在としての農産物取扱商業資本なのであり,よってその分析もより具体的レベルでなされるべきだからである。第2に,農産物の多くは土地生産物として圃場で収穫されたそのままで完成された使用価値すなわち社会的使用価値たりえない点をあげることができる。つまり,流通過程に延長された生産過程といわれる物的流通機能は,たんなる使用価値として生産された農産物を他人にとっての使用価値すなわち交換価値たらしめる上で重要不可欠な機能であり,その意味で価値実現と切り離しえない機能なのである。また第3に,農産物流通の場合,実際上商的流通と物的流通の分離いわゆる商物分化は貯蔵性があり標準化のすすんだ特定の品目(豆類等)においてしかみられず,多くの品目では商的流通と物的流通とがわかちがたく結びついていることである。商物分化の基本的条件は農産物の標準化の進展であるが,今日のように農産物の大半が有機的生産物として,とりわけ小農により供給されるかぎり,農産物商品が高度に標準化される段階は想定しえない。

以上のことから,農産物取扱商業資本の機能について考察する場合には,商業資本一般にとって本来的な商的流通機能のみならず,農産物取扱商業資本にとって重要な物的流通機能もふくめて問題にしなくてはならない。すなわち,価値実現と使用価値の完成化を統一的にとらえる方法によってのみ,農産物取扱商業資本の機能を正しくとらえることが可能であり,したがってまた,農産物商品化におけるその役割を明らかにすることができる[56]。

農産物取扱商業資本が果たしうる機能は,ほぼ以下のように整理できるであろう。

I　商的流通機能

ⓐ基本的機能

需給調整（集出荷調整，品揃え）

価格形成（品質評価）

ⓑ副次的機能

信用供与・金融，危険負担

情報提供，広告・宣伝

II　物的流通機能

運送，保管

規格・選別，加工，包装

問題は，これらのなかでいかなる機能が農産物取扱商業資本にとって独自かつ重要な機能なのかということである。農産物取扱商業資本の独自的機能は，農産物にみられる使用価値的特質との関連で明らかにされうる。

農産物にかなり一般的な使用価値的特質として，第1に規格，標準化の困難性をあげることができる。農産物商品の品質の多様性は品質評価と格付け（規格・選別）機能を必要不可欠とする。これらの機能は，購買，販売に際して，いわゆる個別的価格設定機能としての側面をもつがゆえにきわめて重要である。さらに，品質の多様性，不確定性は市場の不完全性をもたらす。そこでは，価格機能が十全に作用しないことから生産誘導のための情報機能が重要となる。第2の特質は，変質しやすい，腐敗性が高い（perishable）ことである。このことから，保管，加工，包装などの機能が必要となる。さらに，第3に生産の季節性，地域性をあげるならば，集出荷調整あわせて保管，運送機能が需給調整上大きな意味をもつ。しかし，工業製品の場合も運送・保管機能は不可欠であり，農産物におけるその独自性は相対的なものというべきであろう。このように，農産物取扱商業資本の独自的機能とは，農産物の使用価値的特質ならびに生産の季節性，地域性に強く規定されており，具体的には，①品質評価，格付け(規格，選別)，情報流通，②加工，包装，③集出荷調整，保管・運送であるといえる。

ところで，これまで農産物取扱商業資本を一括してあつかってきたが，より具体的レベルの問題としては，狭義の農産物取扱商業資本はそれの特殊な形態である農業協同組合と農産物の商品化をめぐって競争的関係にある。したがって，ここで，農産物商品化の担当主体としての農業協同組合に対する農産物取扱商業資本の，とくに総合農協である単位農協に対する産地商人の優位性を，農協の特殊性との関連で明らかにしておこう。

農協は，第1に「商企業ではあるけれども，その組合員の消費生活なり，営業に直接役立つところの『施設』という性格を負うところ」[57]のいわゆる「拘束された商企業」[58]であることから，事業の限定性と総合性という特質をもつ。この特質により，農協では販売事業の位置づけが不明確となりがちであり，とりわけ的確で機敏な対応と専門的手腕を必要とする商業活動において十分機能しえないこととなる[59]。すなわち，具体的には，農協が品質評価，規格・選別，情報流通，さらには集出荷調整といった機能を十分遂行しえず，よって，そこでは商品の流通速度の低下，流通費用の増大さえもたらされるのである。

第2に，農協がその機能形態からみれば委託売買資本である点が重要である。この点は，一方で小農との「密着性」を生みだす具体的条件である[60]。というのは，小農と農協との間で売買がなされないということは形式的に農協は小農の共同販売代理人であり，それゆえそこで販売と購買の対立すなわち価格をめぐる対立が生じないからである。しかし，この点は他方で，農協自身はリスクを背負わないため，農協自らの責任で市場変動に応じて独自の商人的対応をとることを困難にする。さらに，農協が委託売買資本であるかぎり，加工事業を基本的にはおこないえないのである。

以上のように，農協は組織的，形式的には小農との密着性ないし結合性が強いとしても，経済的，実質的にその商業資本としての機能を問題にした場合，小農との内的依存性・相互補完性をいうことはできない。すなわち，農産物商品化を担う上で，とくに品質評価，規格・選別，情報流通あるいは集出荷調整といった機能の遂行において，農産物取扱商業資本が農協よりも優位性をもつことが指摘できる[61]。この点は，一方での農協の進出に対して産地商人が農産物商品化の担当主体として存立する現実的条件である。

最後に，現代流通再編が進行するなかで中小零細資本としての農産物取扱商業資本が農産物市場において独自的機能を担いながら存立することの意義について述べよう。

高度に発達した資本主義は，いうまでもなく資本の集積・集中を高度におしすすめることにより，独占による商品の大量生産体制をその特徴とする。高度経済成長期以降おしすすめられてきた流通再編は，そのような大量生産体制に即応した大量流通条件の整備を意図したものであり，いわば独占にとっての高蓄積条件を確保するためのものであった[62]。したがって，独占化の進展のなかでみられる大量生産＝大量流通への動きは基本的に利潤追求という資本の論理に基づくものであり，それは同時に商品の実質的陳腐化，使用価値の品質乖離をもたらすという問題を内包する。農産物の場合，その規格・標準化，調整，加工等が国家独占資本にとっての「合理化」視点からのみなされ，農産物本来の生鮮性，多品質性などの商品特性を無視するかたちでなされているといわねばならない。

今日の農産物市場をめぐる動向としては，いま述べたように農産物の使用価値的特質を無視し規格・標準化をおしすすめる方向もみられるが，それのみではない。もう一方で，それに対し，多品質，生鮮性などの農産物の使用価値的特質を生かしつつ多品質商品の少量流通を追求する方向が根強く存在する。後者の方向は農産物の使用価値的特質に適応し，またなによりも小規模零細分散的な小農生産と個別・多様な消費に対応しているという点で合理性をもつ。独占段階において中小零細資本としての農産物取扱商業資本は，そのような流通の担い手として国家独占資本の推進する農産物流通のシステム化に対し対抗的な性格と役割を与えられるのである。

とはいえ，大量流通条件が整備され独占資本の直接的進出が可能になるとともに，中小零細商業資本の個別的な対応には一定の限界が生じることも明らかである。そこでの有力な対抗手段は，中小零細資本の協同組合を核とした組織化である。したがって，農産物流通再編の強化とその一層の深化の程度に応じて，中小零細資本である農産物取扱商業資本も小規模なるがゆえの社会経済的不利を克服するために自らの組織化へとむかわざるをえないであろう[63]。

50）大まかには，日本の市場構造別の産業生産額比は競争的部門65.2%，寡占的部門21.6%，公益・公共事業部門13.1%であるという。今井賢一『現代産業組織』岩波書店，1976，pp. 17-21。

51），52）阿部真也「現代流通の管理と制御」森下二次也監修，阿部真也・鈴木武編『講座現代日本の流通経済１　現代資本主義の流通理論』大月書店，1983，p. 184。

53）大内力『経済学大系８　日本経済論（下）』東京大学出版会，1963，pp. 489-493。

54）たとえば，鈴木武氏は「運送ならびに保管は，本来的には流通過程に延長された生産活動であり，したがって，それらは，どのようにみても，商業資本の個別的機能の範疇には含まれないものである」と述べている。鈴木武『商業と市場の基礎理論』ミネルヴァ書房，1975，p. 53。

55）マルクス，前掲書，第４分冊，p. 388。

56）これまでの商業論・マーケティング論研究において，一方で使用価値視点のみをとりあげたたんなる技術論的研究が大半を占めていたことはいなめない。他方，マルクス経済学に依拠した商業論・マーケティング論研究は，そのような技術論的研究を批判しながら価値視点に立って展開され，一定の成果をみている。しかし，商業論・マーケティング論が商品流通・市場・再生産という問題と深くかかわる分野とすれば，価値視点のみに立ち使用価値面を捨象することは決して「科学的方法」とはいえないであろう。ほぼ同様の問題提起が，すでに荒川祐吉氏によりなされている。同氏「森下教授のマーケティング論方法論について——覚書的考察——」鈴木武・田村正紀編『現代流通論の論理と展開』有斐閣，1974，pp. 17-27，を参照。最近の研究における価値側面と使用価値側面の統一的把握の試みは，たとえば橋本論文にみることができる。橋本勲「販売過程とマーケティング過程」京都大学経済学会『経済論叢』第130巻第1・2号，1982，pp. 1-20。

農産物取扱商業資本について，そのような視角から検討を加えているものとしては次の論文がある。宮村光重「りんご移出業者の商人的性格の検討」阪本楠彦・梶井功編『現代日本農業の諸局面』御茶の水書房，1970，pp. 133-158。

57）近藤康男『新版協同組合の理論』御茶の水書房，1962，p. 1。

58）同上，p. 3。

59）商業資本に対する協同組合の商業組織としての一般的劣性について，三輪昌男氏は資本形成の弱さ，事業経営経験の不足を指摘している。詳しくは，同氏『協同組合の基礎理論』時潮社，1969，pp. 154-159。

60）山田定市「国家独占資本主義と農業協同組合」北海道大学『農経論叢』第27集，1971，p. 77，を参照。

61）もちろん，農協がとくに前期的市場段階において農産物の共同販売をすすめることにより，小農にとっての生産物販売条件を大きく改善したという重要な意義は否定すべくもない。しかし，今日，近代的市場段階において農協が商業資本との競争関係にある場合には，農協は「拘束された商企業」であるがゆえの商業機能の不十分性，不完全性というハンディを背負うこととなる。もし，そこで農協が商業機能強化の方向を追求するならば，農協の組織体としての性格は弱まり，経営体・資本体的性格が優位とならざるをえないであろう。したがって，農協の本質を「拘束された商企業」としてとらえるかぎり，前述の限界は農協にとって本来的なものといわねばならない。

62）今日おしすすめられつつある農産物の流通再編・流通システム化については，次の論稿が詳しい。三国英実「農産物市場の再編成過程」川村琢・湯沢誠編『現代農業と市場問題』北海道大学図書刊行会，1976，pp. 189-243，同氏「『流通システム化』の現段階と流通費問題」美土路達雄監修・御園喜博他編著『現代農産物市場論』あゆみ出版，1983，pp. 201-237。

63）中小零細資本の組織化の方向および実態については，たとえば，牟礼早苗「中小零細企業の組織化と業者運動」渡辺睦・前川恭一編『現代資本主義叢書28　現代中小企業研究（下巻）』大月書店，1984，を参照。

[illegible] 1982, pp. 1-30.
[illegible]
[illegible] 1979, pp. 1-158.
37) [illegible] p. 1.
38) 同上, p. 4.
39) [illegible]
[illegible] 1959, pp. 154-159.
60) [illegible]
[illegible] 1971, p. 77.
61) [illegible]
[illegible]
[illegible] 1976, pp. 189-213.
[illegible]
[illegible] 1985, pp. 261-285.
63) [illegible]
[illegible] 1984, [illegible]

第2章

緑茶の市場構造

第1節　緑茶消費と需要動向

(1)　緑茶消費の特質

緑茶は，日本における米主食の食生活体系と結びついて，今日，一般大衆の日常的飲料としての地位を占めている。1980年において粗食料ベースで緑茶の年間1人当たり消費量は1,002g，また家庭消費についてみると都市世帯で年間1人当たり493g，農家世帯で同726gである。年間緑茶支出金額を所得階層別にみると，最低所得階層から最高所得階層にいたるまで，米ほどではないがほぼ全階層的に緑茶支出はなされている(表2-1)。また，需要の弾力性は0.61と小さい(計測期間は1972－81年)[1]。したがって，今日，緑茶が国民諸階層にとって必需品的性格をもっていることは明らかである。

ところで，一口に緑茶といっても，栽培方法，荒茶加工，仕上加工工程の差異により，その種類は普通煎茶から番茶，かぶせ茶，玉露，玉緑茶，てん茶(抹茶)，ほうじ茶にいたるまできわめて多様である[2]。消費の側からみると，その量と質にはかなりの地域性がみられる。これらの点は，緑茶が基本的に日常的必需飲料としての性格をもちながらも，あわせて，嗜好品的な性格をかなり強くもっていることを示している。よって，需要側面からみた緑

表 2－1　年間所得階層別支出金額（米，緑茶，食料；1982年）

（単位：円）

	平　均	年間所得五分位階層				
		I	II	III	IV	V
米	73,363 (100)	64,600 (88.1)	67,922 (92.6)	71,740 (97.8)	79,822 (108.8)	82,732 (112.8)
緑　茶	7,016 (100)	5,542 (79.0)	5,815 (82.9)	6,130 (87.4)	8,168 (116.4)	9,428 (134.4)
食　料	925,165 (100)	689,993 (74.6)	830,657 (89.8)	913,553 (98.7)	1,023,180 (110.6)	1,168,437 (126.3)

資料：総理府『家計調査年報』日本統計協会，1983。

注：年間所得五分位は，おのおのⅠ（～282万円），Ⅱ（282～373万円），Ⅲ（373～478万円），Ⅳ（478～632万円），Ⅴ（632万円～）である。

表 2－2　地方別緑茶消費状況（1982年）

（単位：円，100ｇ，円/100ｇ％）

	飲料金額 ①	緑茶			②/①×100
		数　量	単　価	金　額 ②	
北海道	35,085	14.09	401	5,352	16.1
東　北	32,266	12.52	545	6,829	21.2
関　東	37,682	19.77	516	10,198	27.1
北　陸	35,666	18.29	379	6,937	19.4
東　海	32,744	18.00	355	6,386	19.5
近　畿	32,112	13.40	296	3,362	12.3
中　国	31,835	9.76	333	3,253	10.2
四　国	31,259	7.26	296	2,147	6.9
九　州	31,490	16.62	470	7,807	24.8
沖　縄	37,246	8.97	344	3,087	8.3

資料：表２－１に同じ。

茶の商品的性格は強い嗜好特性をもつ必需品的財であるといえる[3)]。

ここで，緑茶消費の地域性と季節性についてみておこう。緑茶消費の地域性は表２－２のようである。飲料支出金額は全国的にほぼ同水準であるにもかかわらず，緑茶支出金額についてはかなりの地域性が指摘できる。たとえば，緑茶支出金額の最も高い関東では一世帯あたり年間10,198円であるのに対し，最も低い四国では2,147円足らずである。飲料支出金額に占める緑茶支出金額割合を算出すると，割合の高い順に関東27.1%，九州24.8%，東北21.2%，東海19.5%，北陸19.4%，北海道16.1%，近畿12.3%，中国10.2%，沖縄8.3%，四国6.9%である。数量でみても，やはり関東が最も多く約２kgで，最も少ない四国は0.7kg台にとどまる。平均単価については，東北が545円/100gと最も高く，関東516円/100g，九州470円/100gと続いている。最も低いのは近畿，四国の296円/100gである。したがって，東北，関東，九州では高価格茶需要が強いのに対し，近畿，中国，四国では低価格茶需要が強いといえる。この点は，消費の茶種別の嗜好差としてもあらわれている。表２－３にみるように，一般に東日本では煎茶がよく飲用されるのに対し，近畿を中心に西日本では番茶，ほうじ茶がよく飲用されている。

つづいて，緑茶消費の季節性は表２－４に示す通りである。消費のピークは５月と12月であり，最も少ない８月の約２倍の水準に達する。これらの月の購入分は単価が他の月にくらべて高いため，購入金額としては年間購入額の３割近くを占める。平均単価が安いのは12月を除く冬期である。消費量の落ち込みは７月から９月にかけての夏期であり，ジュース，炭酸・乳酸飲料などの他の飲料に代替されていると考えられる。

以上のように，緑茶消費のあり方は地域的，季節的，品質的に多様で複雑な構造をもっている。このような緑茶消費の特質は，地域における歴史的事情，気候，風土，あるいは水質いかんなどの条件に規定されつつ形成されてきたのであり，容易に変化しうるものとはいえないであろう。

(2)　緑茶市場関係の推移と需要構造

それでは，緑茶が今日のように日常的飲料としての地位を確立したのは，一体いつのことなのであろうか。

周知の通り，茶は繭とならんで明治期以降の日本の代表的輸出品目の１つ

表 2－3　主要都市別飲用茶種割合（1980年度）

（単位：％）

地域	項目／緑茶の種類／対象都市	もっともよく飲まれているもの									
		1. せん茶	2. 番　茶	3. 玉　露	4. 抹　茶	5. 玉緑茶	6. ほうじ茶	7. 茎　茶	8. 粉　茶	9. 芽茶	10. 玄米茶
		％	％	％	％	％	％	％	％	％	％
北海道	札幌市	40.6	20.3	0.0	0.0	2.9	13.0	0.0	0.0	0.0	23.2
	旭川市	50.8	20.8	3.8	0.0	1.9	5.7	0.0	1.9	1.9	13.2
東北	山形市	62.3	9.4	1.9	1.9	5.7	1.9	0.0	1.9	0.0	15.0
	秋田市	59.5	14.3	3.2	1.2	0.8	7.5	0.0	1.2	0.8	11.5
	仙台市	69.7	5.9	1.5	0.0	2.1	5.6	2.6	3.7	3.3	5.6
関東	宇都宮市	57.9	9.0	9.9	0.0	6.0	4.1	1.0	1.0	4.1	7.0
	東京都	48.0	9.6	4.0	1.6	2.9	13.1	2.7	1.6	2.9	13.6
北陸中部	長野市	54.0	12.6	15.4	2.7	0.0	6.4	1.3	1.3	0.0	6.3
	金沢市	19.3	51.3	4.9	1.1	0.6	11.3	0.0	4.9	0.0	6.6
東海	静岡市	54.2	25.0	0.0	0.0	0.0	4.2	8.3	0.0	4.1	4.2
	名古屋市	55.4	8.2	11.5	0.6	1.2	8.6	1.2	0.9	1.2	11.2
近畿	大阪市	26.7	22.8	3.4	1.0	1.7	11.0	0.0	0.0	0.3	33.1
	京都市	21.2	42.4	6.1	0.0	3.0	12.1	0.0	0.0	0.0	15.2
中国	広島市	28.6	28.7	3.7	0.0	1.4	5.4	0.0	0.0	1.2	31.0
	鳥取市	30.2	21.9	0.0	2.7	1.7	4.3	0.0	0.0	1.6	37.6
	松江市	63.3	22.9	0.0	8.4	0.0	1.8	0.0	0.0	0.0	3.6
四国	高松市	31.5	24.2	3.8	1.5	1.5	3.8	0.5	2.3	0.0	30.9
	高知市	35.7	30.6	3.1	2.0	1.0	13.3	0.0	1.0	0.0	13.3
九州	福岡市	41.4	14.6	7.3	1.2	12.4	2.4	0.0	1.2	0.0	19.5
	熊本市	15.1	33.3	0.0	0.0	29.3	0.0	0.0	8.1	6.1	8.1
	鹿児島市	28.5	28.2	0.0	0.0	18.9	2.1	0.0	3.3	2.6	16.4
平均		42.6	21.7	4.0	1.2	4.5	6.6	0.8	1.6	1.4	15.5

資料：日本茶業中央会『一般家庭における緑茶消費実態調査報告書（昭和55年度）』1981。

表2－4　緑茶の月別消費量・支出金額（1982年）
（単位：g，円，円/100g）

月	購入量	金額	単価
1	111	439	396
2	129	474	368
3	153	589	384
4	142	585	412
5	176	871	495
6	127	563	442
7	108	512	473
8	91	433	474
9	107	478	444
10	130	522	408
11	126	507	401
12	210	1,049	497
平　均	134	585	435

資料：表2－1に同じ。

であった。たとえば，1903年(明治36)には総荒茶生産量25,145ｔのうち21,708ｔ，実に86%が輸出に仕向けられていた。すなわち，当時の茶業の発展は基本的に海外市場の拡大に依拠したものであり，したがって，国内緑茶消費の伸びといった国内市場の展開はきわめて不十分であったと考えられる。そのような海外仕向を中心とする市場関係が国内市場仕向に完全に転化をとげるのは，輸出のピークとなる1954年を境とし，それに続く高度経済成長の過程においてである。そして，その高度成長期にこそ国内の緑茶消費は大幅な伸びを示している(表2－5)。55年に年間1人当たり558gであった消費量が，73年には1,025gと2倍近い水準に達している。つまり，今日的水準の緑茶消費は，高度成長を背景とする国民所得の伸び，それに応じた食料消費支出の増加を基本的条件として実現されたのである。

とすれば，逆にいうと，最近の高度成長から低成長への移行といった経済環境下では緑茶の必需品的性格自体かなり不安定なものとならざるをえない。

表 2－5　緑茶需要の推移（1940，55，60，65，70―82年）

（単位：t，千人，g）

	国内生産量	輸入量	輸出量	国内消費量	人　　口	1人当たり消費量
1940	55,308	0	16,264	39,044	71,933	543
1955	64,329	0	14,494	49,835	89,276	558
1960	75,906	1	8,569	67,338	93,419	721
1965	75,874	920	4,653	72,141	98,275	734
1970	90,944	9,063	1,531	98,476	103,720	949
1971	92,888	6,496	1,447	97,937	105,139	932
1972	94,984	11,317	1,872	104,429	107,589	971
1973	101,177	12,799	2,150	111,826	109,102	1,025
1974	95,233	5,630	1,821	99,042	110,573	896
1975	105,446	8,860	2,198	112,108	111,934	1,002
1976	100,097	8,165	3,225	105,037	113,089	929
1977	102,275	5,506	3,480	104,301	114,154	914
1978	104,735	4,579	3,376	105,938	115,174	920
1979	98,000	5,628	3,051	100,577	116,133	866
1980	102,300	4,396	2,669	104,027	117,060	889
1981	102,300	4,143	2,673	103,770	117,884	880
1982	98,500	2,411	2,443	98,468	118,690	830

資料：農林水産省『茶統計年報』，大蔵省『通関統計』，総理府『日本統計年鑑』による。

表 2－6　各種飲料別一世帯当たり年間消費支出金額（1965，70，75，80年）

（単位：円，100g，円/100g）

	飲料	緑茶			紅茶			コーヒー ココア	ジュース	コーラ	乳酸 飲料
		金　額	数量	価格	金　額	数量	価格				
1965	6,455	1,585 (24.6)	21.3	74	219 (3.4)	1.5	142	769 (11.9)	872 (13.5)	・・・	1,540 (22.8)
1970	14,469	2,967 (20.5)	21.0	141	378 (2.6)	1.9	201	1,462 (10.0)	1,212 (8.4)	1,315 (9.1)	4,760 (16.4)
1975	26,252	5,196 (19.8)	19.2	271	522 (2.0)	1.6	319	3,270 (12.5)	4,197 (16.0)	1,502 (5.7)	5,745 (22.2)
1980	33,216	6,757 (20.3)	16.8	401	911 (2.7)	1.9	490	6,105 (18.4)	7,067 (21.3)	1,354 (4.1)	5,197 (10.0)

資料：総理府『家計調査年報』各年版による。

1973年以降，緑茶消費は停滞ないし減少傾向を示し，75年頃からは過剰基調が指摘されている。緑茶需給については，前述のような緑茶消費の特殊性のためきわめて複雑な様相を呈すると考えられるが，ここでは次の点だけ指摘しておこう。

表2－6は各種飲料に対する一世帯当たり年間消費支出金額を示している。一般には，緑茶需要の減退はいわばかぎられたパイの奪い合いとしてコーヒー等他の飲料との競合・代替によると理解されている[4]。たしかに，コーヒー，ジュースは近年飲料支出に占めるそのシェアを大きく伸ばしてきている。とはいえ，飲料支出に占める緑茶シェアは必ずしも大きな落ち込みを示しているとはいえず，20％水準でほぼ一定している。すなわち，緑茶消費支出は他の飲料との競合関係にはさほど強く規定されているとはいえず，飲料支出全体の実質的低下と歩調をあわせるかたちで推移しているのである。

しかし，特徴的なことは緑茶消費量と平均単価との関係である。それは，緑茶支出金額の上昇が鈍化しているにもかかわらず，緑茶平均単価の上昇がみられるため，その分消費量が減少しているという点である。たとえば，1965年から80年までの間に消費者物価は3.0倍の上昇であるのに対し，緑茶価格は同期間に5.4倍もの上昇を示している（紅茶価格は同期間に3.5倍の上昇にとどまる）。

では，このような緑茶における消費量と価格（平均単価）との関係は，消費者の対応として「価格の上昇分，消費量を抑えた」と理解すべきなのか，あるいは「量より質を求めるようになった」と理解すべきなのであろうか。つまり，消費量減少の直接的要因は緑茶価格の上昇にあるのか，それとも，消費者の高級茶志向といった緑茶需要の質的変化にあるのかということである。先に消費の季節性，地域性をみたところでは，消費量の多い季節，地域において平均単価が高いという量と価格の併進関係が指摘できた。よって，そのかぎりでは，緑茶消費の高級化，品質志向をいうことができそうである。

ここで，緑茶生産の茶種別生産量割合をみると（表2－7），玉露，てん茶，

表 2－7　茶種別荒茶生産量割合の推移（1960，65，70，75，80年）

（単位：%）

	玉　露	かぶせ茶	てん茶	普　通せん茶	玉緑茶	番　茶	紅　茶	計
1960	0.8	—	—	77.7	8.7	10.7	2.1	100.0
1965	0.5	0.4	0.4	79.0	5.4	12.2	2.0	99.9
1970	0.4	0.6	0.4	78.9	4.6	14.8	0.3	100.0
1975	0.5	1.9	0.3	79.0	4.8	13.5	0.0	100.0
1980	0.5	2.4	0.4	79.5	5.3	11.8	0.0	99.9

資料：農林水産省『茶統計年報』各年版。

表 2－8　茶種別荒茶生産量の推移（1960，65，70，75，80年）

（単位：t，%）

	玉　露	かぶせ茶	てん茶	普　通せん茶	玉緑茶	番　茶	紅　茶	計
1960	311 (100)	290 (100)	300 (100)	60,283 (100)	6,737 (100)	8,285 (100)	1,660 (100)	77,560 (100)
1965	395 (127)	338 (117)	316 (105)	61,189 (102)	4,155 (62)	9,481 (114)	1,557 (94)	77,431 (100)
1970	409 (132)	526 (181)	351 (117)	72,996 (119)	4,150 (62)	13,510 (163)	251 (15)	91,198 (118)
1975	551 (177)	1,963 (677)	351 (117)	83,268 (138)	5,022 (75)	14,291 (172)	3 (0)	105,449 (136)
1980	553 (178)	2,450 (845)	415 (138)	81,300 (135)	5,470 (81)	12,100 (146)	5 (0)	102,303 (132)

資料：表 2－7 に同じ。

普通煎茶，玉緑茶については1965年以降ほぼ横ばい傾向を示している。番茶については70年をピークにその後，割合は漸減しており，75年から80年にかけては生産量自体14千 t から12千 t へと減少している（表 2－8）。それに対し，かぶせ茶は70年以降その割合を大きく伸ばし，生産量では70年から80年の間に 5 倍にも伸びている。このように，緑茶生産は大まかには高品質茶供給への傾斜を示しているといえる。

それでは，このような茶種別の供給変動がすすむなかで，茶種別の荒茶価格動向はどのようであるのか（表 2－9）。番茶価格は65年から82年の間に191円/kgから381円/kgへと 2 倍弱しか上昇していないのであるが，他方，同期間

表2－9　茶種別価格動向（静岡県，1965，70，75―82年度）

（単位：円/kg）

	玉　露	かぶせ茶	普通煎茶	玉緑茶	番　茶	平　均
1965	1,073 (100)		325 (100)	218 (100)	191 (100)	317 (100)
1970	2,507 (234)		747 (230)	841 (386)	279 (146)	710 (224)
1975	4,139 (386)		1,289 (397)	1,868 (857)	306 (160)	1,192 (376)
1976	4,424 (412)		1,247 (384)	1,938 (889)	330 (173)	1,160 (366)
1977	5,357 (499)	3,935 (367)	1,446 (445)	2,199 (1009)	345 (181)	1,346 (425)
1978	5,710 (532)	4,176 (389)	1,487 (458)	2,288 (1050)	329 (172)	1,392 (439)
1979	5,764 (537)	4,179 (389)	1,681 (517)	2,407 (1104)	361 (189)	1,563 (493)
1980	5,900 (550)	4,300 (401)	1,574 (484)	1,895 (869)	384 (201)	1,483 (468)
1981	6,000 (559)	4,380 (408)	1,720 (529)	1,950 (894)	460 (241)	1,617 (510)
1982	6,046 (563)	4,396 (410)	1,778 (547)	2,363 (1084)	381 (199)	1,689 (533)

資料：静岡県経済農業協同組合連合会調査による。

に玉露価格は1,073円/kgから6,046円/kgと6倍，かぶせ茶価格は4,396円/kgへと4倍以上の伸びを示している。以上のように，緑茶供給は高品質茶供給のウェイトおよび量を拡大したのにもかかわらず，価格条件はいままでのところ高品質茶の高値維持で推移しており，このことから緑茶消費の高級化を結論づけることができる。

ここでは，緑茶需要の動向についてより詳細に検討しえないが[5]，次の点が明らかにされた。すなわち，現在の緑茶過剰基調ないし過剰化傾向は一般に緑茶消費の量的減退によるが，それは一方で食料消費支出の低迷を基本要因としながらも，とりわけそのなかで高成長期以降の緑茶消費の高級化が根強いという条件に大きく規定されたものであるといえる。したがって，緑茶消費・需要は高度経済成長期から低成長期移行後の今日にいたるまで一貫して画一化・標準化傾向ではなく，高級化・多様化傾向を示してきたことが指摘できる。

表 2-10 国別緑茶輸出数量・金額（1965，70，75，80—83年）

（単位：t，百万円）

年次	総計		アメリカ		イギリス		ドイツ連邦		ベルギー	
	数量	金額	数量	金額	数量	金額	数量	金額	数量	金額
1965	4,599	1,020	1,254	263	311	21	0	0	0	0
1970	1,530	420	1,328	311	0	1	1	1	2	1
1975	2,192	451	2,073	374	3	6	4	8	7	7
1980	2,669	563	2,573	447	2	5	18	20	1	1
1981	2,673	631	2,467	473	3	5	15	16	2	3
1982	2,443	614	2,346	517	27	8	9	9	4	5
1983	2,080	460	1,914	361	27	8	10	17	3	4

資料：大蔵省『通関統計』各年版による。

表 2-11 国別緑茶輸入数量・金額（1970，75，80—83年）

（単位：t，百万円）

年次	総計		台湾		中国		ブラジル		ケニア	
	数量	金額	数量	金額	数量	金額	数量	金額	数量	金額
1970	9,063	2,154	8,763	2,039	—	—	35	12	—	—
1975	8,860	3,177	7,642	2,552	197	53	126	76	446	232
1980	4,396	1,998	3,639	1,523	341	233	299	226	—	—
1981	4,143	1,877	3,542	1,539	378	133	231	178	—	—
1982	2,411	1,105	1,836	787	151	56	331	239	—	—
1983	2,422	1,108	1,906	840	249	75	247	184	—	—

資料：表 2-10に同じ。

(3) 最近における緑茶輸出入

最近の緑茶の輸出入について簡単に触れておこう。

輸出については，輸出量全体でも年2～3千t程でその仕向先は，アメリカが総輸出量の92%（1983年）を占めている。それは，現在国内生産量の2～3%にすぎない（表2-10）。

他方，輸入は，その大半を台湾から，他には中国，ブラジル，インドからなされている（表2-11）。1970年当時，緑茶消費の伸びに生産が十分対応できなかったことにより年1万t以上の緑茶が輸入された。とはいえ，その後需給関係の変化により輸入量は減少の一途をたどる。83年には輸入量は2,422tであり，今日，輸入，輸出とも国内茶業に大きな意味をもつとはいえない。

1）農林統計協会『食料需要分析（昭和57年度）』1983，による。

2）茶は発酵茶（紅茶），半発酵茶（ウーロン茶），不発酵茶に大別され，緑茶とは不発酵茶の総称である。詳しくは，静岡県茶業会議所『新茶業全書』1976，pp. 201-202，あるいは杉田浩一・堤忠一・森雅史編『新編日本食品事典』医歯薬出版，1983，pp. 507-508，を参照。

3）緑茶の商品的性格については，1960年頃茶業界を中心に「茶は嗜好品であるか，必需品であるか」をめぐって論争が展開され，その結果「茶は嗜好品である」との結論に達したという。しかしながら，必需品という概念と嗜好品という概念は決して対概念ではない。経済学的概念は必需品であり，その対概念は奢侈品である。一般に消費のあり方，そしてそれを規定する生活水準自体歴史的なものであり，個々の商品が生産力の発展にともなって奢侈品から必需品へとその性格を変えてきたことはいうまでもない。とくに，資本主義的生産関係のもとでは，そのときどきの生産力水準のみならず，いわゆるV水準が消費生活水準を規定し，したがってまた労働者が消費する必需品の範囲を大枠として規定する。そのような意味で奢侈品・必需品という用語は経済学上の概念なのである。それに対し，嗜好品という用語は経済学上の概念ではなく，その意味するところは栄養摂取よりも香味や刺激を楽しむための飲食物といういわば栄養学上の概念とでもいうべきものである。したがって，緑茶が嗜好品であるか必需品であるかという議論自体全く不毛なものであったといえよう。

緑茶の商品的性格をめぐる論争については，大越篤『日本茶の生産と流通』明文書房，1974，pp. 118-120，を参照。

4）たとえば，奥田信夫氏は次のように述べている。「米食から小麦を中心とした粉食への転換，乳肉卵などの畜産物および青果物等のいわゆる『成長農産物』消費の顕著な増加によって，家庭での飲料は多様化し，コーヒー，紅茶，ジュース，アイスクリームなどの消費が著しく伸びた。そのあおりを受けて，緑茶の一世帯当たり年間購入量は47年の2,150gをピークに年々低下している」。同氏「緑茶の需要動向と産地の対応」関西農業経済学会『農林業問題研究』第17巻第3号，1981，p. 116。

5）詳しくは，増田佳昭「緑茶の需給を考えるI，II，III」静岡県茶業会議所『茶』第37巻第8，9，10号，1984，を参照。

第２節　緑茶生産・供給の特質と九州の主産地化

⑴　緑茶生産・供給の特質

緑茶生産の特質として，さしあたり，その地域性と季節性が指摘できる。茶栽培は寒冷地である東北，北海道では一般に困難であり，主要産地は茨城県，新潟県以西にかぎられ，さらに特定の府県に集中している。茶園面積千ha以上の14府県で52,910ha，総茶園面積の86.7%を占め，また荒茶生産量では92,320ｔ，総生産量の89.9%となる（数字は1983年)。

茶の摘採は，地域により若干のずれをもちながら，４月中・下旬から５月にかけて始まる。この一番茶の期間で年間生産量の５割強が収穫される。続く６月上旬から７月中旬までの二番茶の期間に３割強，７月下旬から９月上旬にかけての三番茶の期間に約１割が収穫される。したがって，４月から９月にいたるおよそ５カ月の間に年間生産量の９割以上の生葉，また荒茶が生産されることとなる[6]。

緑茶生産の主要な動向をみてみよう（表２-12)。1965年から83年にかけて，茶栽培農家数は1,269,000戸から666,000戸へとほぼ半減している。茶栽培面積は同期間に48,500haから61,000haへと増加している。これは，まさに零細な自給的茶生産の減少と商品生産農家の増加を意味し，よって一戸当たり茶栽培面積の増加が指摘できる。とはいえ，その平均規模は83年でいまだ9.2aと10aにも満たない。表２-13から茶栽培規模別農家数およびその割合をみても，２ha以上は1,620戸と全体の0.2%を占めるにすぎない。１ha以上でも8,940戸と1.2%の割合にとどまる。茶栽培農家の規模は一部の上層農を除き，きわめて零細である。

しかし，茶園について専用園率•品種園率をみると（表２-12)，1965年から

表2-12　茶生産の動向（1965, 70, 75—83年）

（単位：千戸，百ha，百t，%，a）

	茶栽培農家数	茶栽培面積	摘採面積①	荒茶生産量②	10a当たり収量②／①	専用園率	品種園率	一戸当たり栽培面積
1965	1,269	485	445	774	174	72.0	—	3.8
1970	1,026	516	441	912	207	77.3	29.5	5.0
1975	870	592	507	1,054	208	83.1	43.4	6.8
1976	844	596	507	1,001	197	84.1	45.9	7.1
1977	807	597	513	1,023	199	85.4	49.2	7.4
1978	788	600	521	1,047	200	86.2	50.6	7.6
1979	773	607	524	980	187	86.7	55.3	7.8
1980	749	610	530	1,023	193	87.7	57.5	8.1
1981	718	610	529	1,023	193	88.2	59.2	8.5
1982	687	610	529	985	186	88.7	63.6	8.9
1983	666	610	540	1,027	190	89.1	—	9.2

資料：表2-7に同じ。

表2-13　茶栽培規模別農家数（1981年）

（単位：戸，%）

	実　数	%
1a未満	456,260	63.5
1～10a未満	153,300	21.3
10～50a未満	79,000	11.0
50～1ha未満	20,900	2.9
1～2ha未満	7,320	1.0
2ha以上	1,620	0.2
計	718,400	99.9

資料：表2-7に同じ。

83年の間に専用園率は72.0%から89.1%へ高まり，生産力の低い畦畔茶園等の減少が著しい。品種園率は同期間に29.5%から63.6%へと大幅な伸びを示し，在来種からやぶきたを中心とする改良品種への茶樹の改植あるいは新植がすすんでいる。このことから，茶生産は規模は依然として零細ながらも商品生産農業としての内実を強化してきていることは明らかである。農家経済

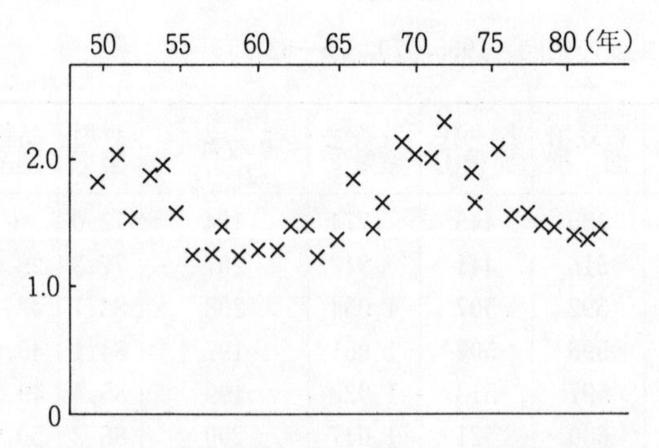

図 2－1　生葉価格の生産費カバー率（静岡県，1950—82年度）

資料：増田佳昭「緑茶の需給を考えるⅠ」
静岡県茶業会議所『茶』第37巻8号，1984，による。
注：生産費カバー率は，農林省『生産費調査』の10a当たり生産物販売価額を第1次生産費で除したもの。

レベルで生葉価格の生産費カバー率をみると(図2－1)，近年低下傾向を示すとはいえ，戦後ほぼ一貫して生産費をカバーしてきたことがみてとれる。

とはいえ，10a当たり一番茶の収量変動をみると（表2-14)，1975年から83年までの9年間において最も変動の大きかった79年の場合，前年比で14.6％の減少である。収量変動に最も大きな影響を及ぼすのは凍霜害である。茶主

表 2－14　10a当たり一番茶収量変動（1975—83年）

（単位：t，百ha，kg/反，%）

	一番茶収量	摘採面積	一番茶反収	指　数	増　減
1975	49,531	507	97.9	106.1	—
1976	47,004	507	92.7	100.7	▽5.4
1977	46,892	513	91.4	99.2	▽1.5
1978	50,119	521	96.2	104.5	5.3
1979	43,400	524	82.8	89.9	▽14.6
1980	47,700	530	90.0	97.7	7.8
1981	48,300	529	91.3	99.1	1.4
1982	48,400	529	91.5	99.3	0.2
1983	51,700	540	95.7	103.9	4.6

資料：表2－7に同じ。

表2-15　主要産地における凍霜害茶園面積（1982年）

（単位：ha，%）

	① 茶栽培面積	② 毎年被害を受ける茶園	②／①	③ 3年に一度位被害を受ける	③／①	②+③	(②+③)/①×100
茨　城	1,440	765	53.1	478	33.2	1,243	86.3
埼　玉	3,270	—	—	490	15.0	490	15.0
静　岡	22,700	2,250	9.9	4,026	17.7	6,276	27.6
岐　阜	1,440	150	10.4	440	30.6	590	41.0
愛　知	909	250	27.5	650	71.5	900	99.0
三　重	4,140	525	1.2	2,150	4.9	2,675	6.1
滋　賀	1,300	141	10.8	286	22.0	427	32.8
京　都	1,652	274	16.6	388	23.5	662	40.1
奈　良	1,560	300	19.2	1,000	64.1	1,300	83.3
福　岡	1,600	10	0.6	700	43.8	710	44.4
佐　賀	1,170	130	11.1	570	48.7	700	59.8
長　崎	861	59	6.9	147	17.1	206	23.9
熊　本	2,230	660	29.6	1,120	50.2	1,780	79.8
大　分	950	100	10.5	300	31.6	400	42.1
宮　崎	1,770	500	28.2	400	22.6	900	50.8
鹿児島	7,510	2,440	32.5	3,110	41.4	5,550	73.9
全　国	59,055	9,329	15.8	17,731	30.0	27,060	45.8

資料：表2-7に同じ。
注：茶栽培面積800ha以上の府県について記載。

産県の凍霜害状況をみると（表2-15），いまだ，ほとんどの主産県でかなりの被害を受けており，対策を必要とする茶園は21,623haにものぼる。しかし，凍霜害対策のとられている茶園は9,409ha，全茶園の16%にすぎない。今日，凍霜害とそれによる収量差はスプリンクラー，防霜ファンの設置により技術的にはかなりの程度克服しうるのであるが，設備投資負担の問題のために経済的に克服できないのである。

以上みたように，緑茶生産は商品生産としての一定の発展をみせたとはいえ，いまだ規模の零細性，生産基盤の未整備といった構造的脆弱性をもち，よって，緑茶供給として量的，品質的に安定性を欠いている。

表 2-16 主産県茶生産量の動向（1960, 65, 70, 75, 80年）

（単位：t）

順　位	1960	1965	1970	1975	1980
1	静岡 45,782	静岡 44,801	静岡 48,564	静岡 52,989	静岡 50,100
2	三重 5,044	三重 5,524	鹿児島 7,182	鹿児島 10,774	鹿児島 13,600
3	京都 2,691	鹿児島 3,811	三重 6,513	三重 7,620	三重 7,030
4	鹿児島 2,590	京都 2,936	京都 3,490	奈良 3,921	奈良 3,600
5	奈良 2,394	奈良 2,321	奈良 3,140	京都 3,485	京都 2,900
6	埼玉 2,002	埼玉 1,915	埼玉 2,684	埼玉 2,949	埼玉 2,710
7	滋賀 1,645	滋賀 1,462	宮崎 1,707	宮崎 2,401	宮崎 2,570
8	茨城 1,440	福岡 1,291	福岡 1,693	熊本 2,345	熊本 2,500
9	宮崎 1,276	茨城 1,272	滋賀 1,680	福岡 2,332	福岡 2,070
10	福岡 1,160	熊本 1,213	熊本 1,480	岐阜 1,674	佐賀 1,930

資料：表2-7に同じ。

(2) 産地交替の進展と九州の主産地化

1960年から80年にかけての府県別茶生産量順位の上位10府県の動きをみると(表2-16)，静岡県の地位はゆるぎないが，三重県，京都府，滋賀県などの近畿の後退，それに対し鹿児島県，宮崎県，熊本県，さらには福岡県，佐賀県までをもふくめた九州のシェア拡大が指摘できる。すなわち，戦後の産地展開における特徴的変化は，旧産地である近畿の後退に対する新産地としての九州の伸長である。

以下，九州を中心にその動向と特質を明らかにしよう。九州における茶生産の歴史そのものは古く，また戦前からすでに商業的農業としての一定の展開がみられる。しかし，その主産地化の進展は，戦後とりわけ高度成長期以

表2-17　府県別面積，収量，生産量の推移（1965，83年）

（単位：ha，kg/10a，t）

	面積			10a当たり収量			生産量		
	1965	1983	83/65	1965	1983	83/65	1965	1983	83/65
茨城	1,500	1,390	0.9	85	73	0.9	1,272	1,020	0.8
埼玉	2,420	3,220	1.3	79	79	1.0	1,915	2,530	1.3
静岡	19,900	22,800	1.1	225	225	1.2	44,801	51,400	1.1
岐阜	1,160	1,440	1.2	83	103	1.0	964	1,480	1.5
愛知	724	880	1.2	121	143	1.2	875	1,260	1.4
三重	2,790	4,120	1.5	198	174	0.9	5,524	7,160	1.3
滋賀	957	1,290	1.3	153	120	0.8	1,462	1,550	1.1
京都	1,640	1,730	1.1	179	161	0.9	2,936	2,780	0.9
奈良	967	1,510	1.6	240	221	0.9	2,321	3,340	1.4
福岡	969	1,620	1.7	133	122	0.9	1,291	1,980	1.5
佐賀	838	1,170	1.4	112	162	1.4	938	1,900	2.0
長崎	864	877	1.0	102	149	1.5	880	1,310	1.5
熊本	1,710	2,230	1.3	71	119	1.7	1,213	2,650	2.2
宮崎	1,330	1,770	1.3	90	149	1.7	1,203	2,360	2.2
鹿児島	4,410	7,580	1.7	80	168	2.1	3,811	12,700	3.3

資料：表2-7に同じ。

降において著しい。

表2-17は，戦後の全国主要産地における茶栽培面積の推移を示す。1955年と80年とを比較した伸び率は全国では1.58倍であるが，静岡県，京都府，茨城県ではおのおの1.23倍，1.36倍，1.04倍と全国水準を下回っている。他方，九州各県については福岡県2.02倍，佐賀県1.76倍，長崎県1.63倍，熊本県2.11倍，大分県2.28倍，宮崎県2.19倍，鹿児島県2.49倍といずれも全国水準を上回る伸びを示している。

その結果，全国に占める九州の茶栽培面積シェアは，1955年の18.8％から80年の26.3％へと高まった。荒茶生産量割合でみると，10.9％(55年)から24.2％（80年）まで高まり，全国荒茶生産量の約¼を供給するまでにいたっている。

茶栽培農家数の推移について静岡県と鹿児島県とを比較してみると，静岡県の場合，1965年から83年の間に79,000戸から63,400戸へと15,600戸，2割の減少にとどまるのに対し，鹿児島県の場合は同期間に144,800戸から55,200戸へと89,600戸，6割強の減少を示している。このことは，元来，自給基調的茶生産農家が広汎に存在した鹿児島県において激しい階層分解が進行し，よってそのような零細茶生産農家が茶作から排除され，他方，上層を中心に土地集積がおこなわれたことを意味する。このような過程が進行するなかで，産地における商品化率，地域的集中度が高まったことはいうまでもない。

九州全体では，1965年から83年の間に435,500戸から225,410戸へと210,090戸，5割弱の減少であり，鹿児島県の場合ほどではないにしろ，ほぼ同様に階層分解の進行，さらに商品化率，地域的集中度の高まりがすすんだといえる。

(3) 九州における主産地化の要因と産地展開の方向

このような九州における主産地化の進展は次のような背景によっている。すなわち，高度成長期における緑茶需要の伸び，茶価格の好況といった条件下で，静岡県，京都府等の先進地では農地破壊，農地収奪が急速にすすみ，産地の外延的規模拡大がかなり制限されたのに対し，九州では低収益作物の粗放畑作地帯が広汎に存在し，茶園面積の拡大が相対的に容易だったという点である。

このような背景に加えて，九州茶産地がもつより積極的な競争力要因として次のような点をあげることができる。第1に，1955年以降みられる茶摘採機械化の進展である。近年の茶作の展開は山間地から平坦地への広がりというかたちをとったのであり，九州などの新産地ほど平坦地茶園ないし緩傾斜地茶園の割合が高い。摘採機械は平坦地・緩傾斜地を中心に導入され，専用園率の高まりとともに生産性向上の重要な条件となった[7]。

全国主要産地における1965年から83年にかけての10a当たり平均荒茶収量

表2-18　産地別一番茶摘採開始時期（1982年）

	摘採開始 月　日	最盛期 月　日	終了期 月　日
埼玉	5．10	5．22	5．28
静岡	4．29	5．16	5．25
三重	5．10	5．21	5．31
京都	5．10	5．22	5．30
福岡	4．20	5．12	6．10
佐賀	5．1	5．16	5．27
長崎	4．20	5．9	5．24
熊本	4．26	5．15	5．25
大分	4．29	5．22	6．3
宮崎	5．10	5．20	6．10
鹿児島	4．19	5．8	5．23

資料：全国茶生産団体連合会『茶生産流通安定対策事業報告書』1983。

の伸び率をみてみよう（表2-17）。九州以外の産地の伸び率は0.9倍から1.2倍とほぼ横ばいであるのに対し，九州各県では，玉露生産のウェイトの高い福岡県を例外として，1.4倍から2.1倍ときわめて高い伸び率を示している。たしかに，収量そのものでみるといまだ九州各県は静岡県，三重県に及ばないが，収量は各地域の摘採慣行にもよる[8]のであり，必ずしも生産力水準の高低を意味しない。それゆえ，伸び率としてみた場合，九州において茶生産性の向上が顕著であったことは明らかである。

第2には，九州の温暖な自然条件のために茶の早期摘採・早期出荷が可能だという点である。一番茶の摘採開始時期（1982年）をみると（表2-18），静岡県では4月29日，京都府では5月10日であるが，福岡県，長崎県では4月20日，最も早い鹿児島県では4月19日である。このように，九州には他地域と比較して早期摘採が可能な産地が存在し，それだけ早期出荷による高価格追求が可能なのである。

第3に，交通輸送条件の整備により，九州の遠隔地市場条件の劣悪さが緩和されてきたという点を指摘しておこう。

九州全体について，以上のように総括できるのであるが，同じ九州内とはいえ，北九州の茶生産と南九州のそれとではかなりの地域的差異が存在する。大まかには，山間地型茶業を中心とする北九州に対し，平坦地型茶業の進展する南九州ということができる。より具体的には，山間地における労働集約的高級茶生産へ特化した福岡県と平坦地における機械化省力大規模茶生産の進展がみられる鹿児島県とがその典型である。

両者の類型は全国的にも同様であり，その代表的産地として大規模茶生産を中心とする静岡県と高級茶生産型の京都府とをあげることができる。とすれば，九州茶生産の伸長は，典型的には鹿児島県の静岡県に対する，あるいは福岡県の京都府に対する産地間競争として展開したと考えられる。

このような産地展開の方向は，戦後，高度成長期以降の緑茶消費の量的拡大と質的高度化にそれぞれ対応したものであったといえよう。

6) 茶園で摘み採られた生葉は，その鮮度の維持される日数は，25℃で摘採後1日弱であり，良質の荒茶をつくるには摘採後速やかに加工することが必要である（静岡県茶業会議所『新茶業全書（改訂版）』1976，pp. 202-207，を参照)。それゆえ，生葉生産と荒茶生産とにタイム・ラグはほとんどない。

7) 主産地概念については，①商品化視点，②農家経済視点，③生産力視点，④階層視点，などの4つの視点の統一をもって理解される。詳しくは，農林省『主産地形成論集』1962，あるいは，三島徳三「『農民的商品化』論の形成と展望」川村琢・湯沢誠・美土路達雄編『農産物市場論大系第3巻　農産物市場問題の展望』農山漁村文化協会，1977，p. 206。

8) 大越篤「最近の日本茶業の動向〔1〕」『農業および園芸』第58巻第2号，養賢堂，1983，p. 254。

第3節　緑茶流通の現状と流通再編

(1)　共販体制整備と産地流通の現状

それでは，これまで述べたような多様・複雑で不安定性をもつ緑茶生産・供給と消費・需要を結びつける流通のしくみはどのようであろうか。

緑茶流通は，従来から商人をその主な担い手とし，前期性ならびに閉鎖性をその特質としていた。しかし，戦後，1952年頃から単位農協による荒茶共同販売へのとりくみがすすみ，それまでの産地仲買による前期的取引が制限，排除されるにいたった。56年には株式会社静岡茶市場が開設され，60年代末以降は主に経済連による産地茶市場（茶流通センター）[9]の設置がすすめられ，農協系の産地一元集荷体制が成立する。それにより産地における茶流通はより競争的・開放的となり，あわせて代金決済機能の充実によって生産者にとって取引はより公正かつ安全となった。

表2-19は産地茶市場の設置状況を示している。現在，茶市場は静岡県，奈良県をはじめに13府県，15カ所に設置されている。主産県で茶市場が未設置なのは，埼玉，茨城，滋賀の3県のみであり，ほとんどの主産県で茶市場が整備されるにいたっている。茶市場が集荷対象とする地域の荒茶生産量は100,363tであり，それは同年度の総荒茶生産量102,700tの実に99.7%にも及んでいる(数字は1983年度)。したがって，今日，茶市場を要とする農協共販体制は形式上は産地流通のかなりの部分をカバーしうる状況にある。

では，そのような茶共販の実際上の地位はどのようであろうか。近年の流通経路別荒茶取扱量シェアの動向については，表2-20にみるように個人出荷（商人販売・農家個販）[10]のシェアが低下し，単協さらに経済連（ほぼ茶市場）出荷をふくむ農協共販のシェアが高まってきていることが指摘できる。この

表 2-19　茶流通センター設置状況（1969―82年）

	農業経済圏整備事業 農業構造改善事業等	特産農産物広域流通近代化推進事業(69～72) 特産農業センター設置事業(72～77) 特産農作物流通改善事業(78～80) 特産農作物流通施設整備事業(80～　)	その他	計
1969	静岡(掛川)	奈良	熊本	3
1970	香川	―	―	1
1971	宮崎	鹿児島	―	2
1972	―	三重・高知	―	2
1973	―	京都(斡旋所のみ)・佐賀・長崎(西九州)	―	2
1974	―	静岡（北榛原）・福岡	―	2
1975	―	静岡（榛原）	―	1
1976	―	―	―	―
1977	―	岐阜・〔京都（貯蔵所の追加）〕	―	2
1978	―	静岡(富士)・〔福岡(集出荷施設の追加)〕	―	2
1979	―	―	―	―
1980	―	―	―	―
1981	―	―	―	―
1982	―	―	―	―

資料：農林水産省農蚕園芸局畑作振興課による。
注：〔　〕内は施設の追加の場合である。

ような農協共販の進展は，産地の市場構造を従来の閉鎖的なものから競争的なものとしたことはいうまでもない。

しかし，ここで産地茶市場取扱分全体の平均単価を同年度の荒茶平均単価と比較すると(表 2-21)，前者が1,476円/kg，後者が1,586円/kgであり，茶市場取扱分の単価は110円安い。府県別にみても，ほとんどの府県で茶市場取扱分の価格が産地平均価格を下回っている。このことから，茶市場に出荷される荒茶は相対的に低品質茶ないし中下級茶であり，高品質茶ないし高級茶については個人出荷の割合が高いと考えられる。つまり，産地流通に占める茶市場の地位は実質的にはより低いのである。

ところで，いま一度，表 2-20からとくに1977年以降の個人出荷シェアの動きをみると，それまでの減少傾向に歯止めがかかり，79年からは横ばいに推

表2-20　荒茶流通経路別取扱量・取扱比率（1970，75—83年度）

（単位：t，%）

区分 / 年次	数量							比率						
	個人	任意組合等	農協共販				計	個人	任意組合等	農協共販				計
			農協	うち経済連へ	経済連（直接）	小計				農協	うち経済連へ	経済連（直接）	小計	
1970	57,281	5,288	26,670	4,466	1,341	28,011	90,580	61	6	31	5	2	33	100
1975	52,561	6,823	39,328	12,462	1,349	40,677	10,061	53	7	39	12	1	40	100
1976	44,894	6,098	42,029	13,868	1,658	43,687	94,679	48	6	44	13	2	46	100
1977	47,903	4,596	45,624	11,602	1,632	47,256	99,755	47	6	45	12	2	47	100
1978	49,642	4,847	45,337	12,966	1,445	46,782	101,271	49	5	45	13	1	46	100
1979	43,675	4,829	44,976	12,963	1,534	46,510	95,014	46	5	47	14	2	49	100
1980	46,629	4,095	44,354	14,346	4,758	49,112	100,644	46	5	44	14	5	49	100
1981	46,746	4,569	46,276	15,018	3,877	50,153	101,468	46	5	45	15	4	49	100
1982	44,441	4,139	46,578	16,507	1,998	48,577	97,656	46	4	48	17	2	50	100
1983	46,359	4,027	49,790	18,925	1,696	51,486	101,872	46	4	49	19	2	51	100

資料：都府県報告による。
注：仕上げ段階との接点を示す。
個人とは荒茶生産者および仲買人等流通業者とする。

表 2 -21　府県別茶市場取扱分平均単価（1982年度）

（単位：円/kg）

	市場取扱分平均単価	府県平均単価
静岡	1,620	1,689
岐阜	1,678	1,685
三重	1,173	1,302
京都	1,723	1,864
奈良	1,071	1,219
香川	1,707	1,622
高知	1,806	1,806
福岡	2,794	2,794
佐賀・長崎	1,177	1,210
熊本	1,470	1,645
宮崎	1,197	1,294
鹿児島	1,299	1,290

資料：農林水産省『最近における茶の動向』1984。
注：佐賀，長崎両県の平均単価は加重平均にて算出。

移している。シェアとしても，個人出荷は産地流通量の46％といまだ高率であり，金額ベースではより高くなるであろう。農協共販の進展にもかかわらず，個人出荷，主として商人販売は根強い地位を占めているのである。

主要産地別に流通経路別荒茶取扱量シェアをみると（表 2 -22），単協共販率が70％をこえるのは奈良県，福岡県，佐賀県，三重県であり，そのなかで経済連共販率も高いのは奈良県，佐賀県のみである。それは，1つにはこの両県はそれぞれ京都府，福岡県の近隣に位置し，有力な大手地元茶商が存在しなかったことによると考えられる。他方，個人出荷率が高いのは埼玉県，茨城県である。この両県は，東京大消費地圏に立地し，よって，生産者個販が広汎におこなわれていることが指摘できる。このように産地流通のあり方は地域の市場条件によりきわめて多様なのであるが，多くの産地については，個人出荷，主に商人販売と，農協共販とがそれぞれ一定のシェアを占め，2つの流通経路が併存しているのが一般的である。

表2-22　主要産地における流通経路別荒茶取扱量シェア（1983年度）

（単位：％）

	個人	任意組合	農協共販				計
			単協	うち経済連	経済連（直接）	小計	
茨城	91	2	7	0	—	7	100
埼玉	93	3	4	1	—	4	100
静岡	54	3	43	—	—	43	100
岐阜	28	13	59	33	—	59	100
愛知	44	18	38	—	—	38	100
三重	26	—	74	28	—	74	100
滋賀	65	5	30	16	—	30	100
京都	53	—	47	41	—	47	100
奈良	10	5	85	79	—	85	100
高知	29	—	68	43	3	71	100
福岡	17	—	83	46	1	84	101
佐賀	12	6	82	80	—	82	100
長崎	64	—	36	30	—	36	100
熊本	55	5	40	32	—	40	100
宮崎	19	30	51	51	—	51	100
鹿児島	30	—	58	58	12	70	100

資料：表2-19に同じ。
注：荒茶生産量900t以上の産地について記載。
計が100とならないのはラウンドによる。

(2)　荒茶・仕上茶の広域流通と再製・仕上加工業の地域的集中

産地流通については以上のようであったが，都道府県といった地域をこえたいわゆる広域流通[11)]のあり方はどのようであろうか。

農家段階で生産された荒茶は，最終消費者の手に渡るまでに再製・仕上加工[12)]という簡単な加工過程を経ることは周知の通りである。一般に多くの場合，再製・仕上加工過程は流通上の仲継・卸売段階においておこなわれる。たしかに，再製・仕上加工が加工過程としてはきわめて簡単な操作なのであるが，それは形状を整え，乾燥を均一化し，さらにその上で合組（Blending）

表 2-23　府県別荒茶移出入・仕上茶移出状況（1983年度）

（単位：t）

	荒茶生産量 ①	荒茶移出量 ②	荒茶移出率 ②／①×100	仕上茶移出量 ③	仕上茶移出比 ③／①	荒茶移入量
茨　城	1,019	108	10.6	549	0.54	200
埼　玉	2,531	381	15.1	430	0.17	1,745
静　岡	51,400	800	1.6	56,600	1.10	14,500
岐　阜	1,475	265	18.0	140	0.10	350
愛　知	1,260	400	31.7	730	0.58	350
三　重	7,160	3,100	43.4	4,110	0.57	1,500
滋　賀	1,150	520	34.4	530	0.35	500
京　都	3,507	—	—	14,200	4.05	13,493
奈　良	3,450	2,000	58.0	500	0.15	250
福　岡	1,981	840	42.4	—	—	2,615
佐　賀	1,896	450	23.7	870	0.46	350
長　崎	1,310	320	24.4	170	0.13	360
熊　本	2,553	1,066	41.8	145	0.06	103
宮　崎	2,632	1,387	52.7	370	0.14	220
鹿児島	12,700	8,051	63.4	3,590	0.28	100

資料：表 2-19に同じ。

をおこなうことにより，多種類の一定の量的まとまりをもち一定の品質を備えた仕上茶をつくり出す過程として流通上基本的な意味をもつ。すなわち，再製・仕上加工はたんに生産的過程であるのみならず，流通上重要なあらたに商品分類をつくり出すところの規格・標準化の過程なのであり，よって，緑茶の商品としての使用価値を完成し，同時に需要と供給を質的に整合させる役割を果たしている。とすれば，この過程がどの段階で担われるかが需要調整上，したがってまた価格形成上きわめて大きな意味をもってくる。それゆえ，広域流通のあり方を検討するに際しては，荒茶・仕上茶という商品形態いかんに注目しなくてはならない。

それでは，緑茶広域流通の態様を各主産県別の荒茶・仕上茶の移出入状況からとらえてみよう。

表 2-23に示すように，主産県の中で県内荒茶生産量のうち荒茶で出荷する

割合が40%以上の産地は三重，奈良，福岡，熊本，宮崎，鹿児島の各県である。さらに，30%台までをふくめると，愛知県，滋賀県をあげることができる。これら荒茶出荷割合の高い県はいわば原料供給地域としての性格が強い。

他方，県内荒茶生産量に対する仕上茶出荷量比率（仕上茶移出比）が1.00を上回るのは，静岡県ならびに京都府である。この2府県は，前述の産地県から荒茶を移入し，再製・仕上加工した上で消費地へ分荷していると考えられる。静岡県，京都府の荒茶移入量はおのおの14,500 t，13,493 t であり，全国第2位の鹿児島県茶生産量をも上回っている。2府県の集散地市場としての規模の大きさがみてとれる。

このように，全体として域内自給部分を除いた緑茶広域流通のあり方は，鹿児島，宮崎，熊本，福岡，奈良，三重，滋賀，愛知といった九州，近畿，東海の各産地が，静岡，京都を中心とする集散市場的流通体系の下にくみこまれたかたちで形成されているのである。

価格形成については，静岡県が全国荒茶生産量の5割を占め，さらに全国から同1割以上を集荷することから，静岡相場が全国の取引価格の基準となっている[13]。また，各府県別の一番茶荒茶平均単価（円/kg）は表2-24にみるように高級茶産地である京都府，福岡県などを例外に総じて静岡価格を下回っている。価格形成の面から，静岡県を中心とする市場体系への他産地の従属性が指摘できる。

以上のような緑茶流通・市場体系が形成されている要因は，仕上加工業の地域的集中にあることはいうまでもない。全国の仕上加工企業[14]1,630企業のうち静岡県578企業，シェアで4割弱，また京都府196企業，シェアで1割強と，2府県で全国の約半分の企業数シェアを占めている（表2-25）。各県別の平均企業規模を『工業統計表』より算出すると，静岡県ならびに京都府の仕上加工企業は他県のそれにくらべて相対的に大規模であることがいえる（表2-26）。したがって，静岡県，京都府における仕上加工業の地域的集中は実質的にはより著しい。

表 2 -24　府県別一番茶荒茶価格（1982年度）

（単位：円／kg）

	価　格	指　数
茨　城	2,524	99
埼　玉	2,500	98
静　岡	2,544	100
岐　阜	2,404	94
愛　知	2,618	103
三　重	1,779	70
滋　賀	2,150	85
京　都	3,415	134
奈　良	2,200	86
福　岡	3,725	135
佐　賀	1,916	75
長　崎	2,196	86
熊　本	2,270	89
宮　崎	1,956	77
鹿 児 島	2,513	99

資料：表 2 -19に同じ。
注：指数は静岡価格を100として算出。

表 2 -25　上位10県仕上企業数・シェア（1983年）

	府　県　名	企　業　数	シェア
①	静　岡	578	35.5
②	京　都	196	12.0
③	埼　玉	124	7.6
④	福　岡	85	5.2
⑤	茨　城	56	3.4
⑥	鹿 児 島	45	2.8
⑦	佐　賀	43	2.6
⑧	東　京	38	2.3
⑨	滋　賀	38	2.3
⑩	岐　阜	34	2.1
全国		1,630	100.0

資料：表 2 -19と同じ。

表2-26　主要府県別仕上企業規模（1981年）

（単位：t，百万円）

府県名	事業所当たり出荷量	指数	事業所当たり出荷金額	指数
全国平均	172.3	100	272	100
静岡	225.6	131	435	160
京都	357.6	208	346	127
埼玉	37.4	28	53	19
福岡	98.2	57	184	68
茨城	27.0	16	42	15
鹿児島	165.8	96	239	88
佐賀	62.3	36	91	33
東京	77.9	45	95	35
滋賀	211.8	123	224	82
岐阜	51.3	30	63	23

資料：通商産業省『工業統計表』1983。

表2-27　仕上加工企業の資本金別・従業員規模別・生産金額別階層分布（1982年）

（単位：%）

(1)	個人	～5百万円未満	5百万円～1千万円未満	1千万円～1億円未満	1億円以上	計
資本金別企業数	898	535	131	63	3	1,630
同上シェア	55.1	32.8	8.0	3.9	0.2	100.0
(2)	～5人	6～20人	21～100人	101～300人	301人以上	計
従業員規模別企業数	1,073	493	60	3	1	1,630
同上シェア	65.8	30.2	3.7	0.2	0.2	100.0
(3)	～3千万円未満	3～5千万円未満	5千万円～1億円未満	1～3億円未満	3億円以上	計
生産金額別企業	394	648	318	208	62	1,630
同上シェア	24.2	39.8	19.5	12.8	3.8	100.0

資料：全国茶商工業協同組合連合会調査による。
注：計が100とならないのはラウンドによる。

ところで，仕上加工業の特質として次の2点が指摘できる。表2-27は仕上加工業の経営体としての性格を示している。出資形態では，個人企業が55.1%と大半を占め，資本金ないし出資金1千万円以下をふくめると96%となる。

従業員規模別企業数割合をみると，従業員５人以下の零細企業が65.8%，また100人以下の中小零細企業が99.7%を占める。他方，101人以上の大企業はわずか0.3%，実数で４事業所にすぎない。さらに，生産金額別企業数割合については，生産金額１億円以下が83.5%である。あらゆる指標からみて，茶再製・仕上加工業の零細ないし中小企業的性格は明らかである。これが，第１点である。

第２に，仕上加工業の特質として触れておかねばならないのは，製造原価に占める原材料費の高さである。1981年度において製造原価に占める原材料費構成比は88.7%である。このことから，仕上加工企業は商業資本的性格を強くおびることとなる。

(3) 最近における包装茶メーカーの展開と流通再編

一般に，仕上加工業については，荒茶供給の季節性により年間操業度が低下せざるをえず，また加工過程自体単純であるため，加工業そのものとしての企業的発展性は乏しいといわれる[15)]。それゆえ，従来からの仕上加工企業は通常再製問屋と呼ばれるように，問屋業務を兼ね，消費地問屋ないし小売店への卸・分荷機能を担っている。

ところで，そのようななかで，1960年以降あらたな仕上加工業の形態として包装茶メーカーの展開が指摘できる。包装茶メーカーは，１つに55年以降の量販店の成立・展開，いま１つに緑茶の個別包装方式の開発・普及を契機として成立した。その性格は，「荒茶冷蔵貯蔵による仕上加工の周年化，仕上加工設備の稼動率の向上，および包装茶の周年的大量販売による取引の大量化によって投下資本の回転率を高め，収益性を高めようと」[16)]し，「その点で再製問屋とは異なった，より近代的な資本」[17)]である。

とはいえ，包装茶メーカー成立の特徴的意義は，流通過程上の点にこそ求めるべきであろう。なぜなら，生産過程における仕上加工の周年化，それによる仕上加工設備の稼動率の向上という方向での対応は，程度の差はあれ再製問屋においてもみられるのであり，したがって，再製問屋と包装茶メーカーを質的に区分しうるものではない。それに対し，パッカーのブランドをもった包装茶を卸・販売するという点は，消費地問屋を排除し，あるいは小売段階をたんなる配給過程たらしめる契機として重要な意味をもつ。小売店の側からみると，再製問屋と取引をする専門的小売店は仕入れた茶の個別包装等の最終的商品化を自らおこない，いわば店ののれん，自店ブランドで販売する。他方，包装茶メーカーと取引をする小売店の場合，すでにパッカーのブランドをもった包装茶を仕入れ，消費者に再販売するだけの実質的にパッカーの販売代理人としての性格を少なからずもってくることとなる。もちろん，その際，特定包装茶メーカーからの仕入割合の高さが問題となる。複数メーカーからの仕入の場合，必ずしも代理人としての性格をもつとはいえない。しかし，そこでも広告・宣伝，商品開発などのマーケティング活動の主体は，包装茶メーカーにほかならない点は重要である。

包装茶メーカーは，主に大消費地ないしその近隣に立地し，当初スーパー・マーケット，百貨店等の量販店卸を基本としていた。1970年代以降はあわせて直営店方式の展開をすすめている。他方，荒茶あるいは仕上茶仕入の面では，仕入の安定化のため農協等との予約相対取引[18]，さらには生産農家との契約栽培といった系列化の動きがみられる。したがって，近年包装茶メーカーは，茶業における垂直的統合（Vertical Integration）の担い手としての機能・性格を強めてきているといえる。

現在，主要なパッカーとしては伊藤園，丸山園，福寿園，山本山等であるが，それら上位4社の販売額シェアは総販売額の1割にも及ばない[19]。大手包装茶メーカーが市場において独占的（寡占的）シェアを占めるには程遠い状況である。仕上加工業の市場構造が原子的競争であることは基本的にかわっていない。

しかしながら，防湿包装茶（真空パック詰）の対仕上茶販売金額割合は1977年の数字ですでに27.3%，3割近くに達しており，今日，そのシェアはより

表 2-28　緑茶生産高と防湿包装茶販売額（1965—77年）

	緑茶生産高		防湿包装茶	
	荒茶生産量	仕上茶販売額	販売額	対仕上茶割合
	千トン	億円	10億円	%
1965	77.4	518	6.0	11.6
1966	81.8	615	8.0	13.0
1967	84.0	725	10.0	13.8
1968	84.4	809	13.0	16.1
1969	89.3	979	18.0	18.4
1970	90.9	1,157	25.0	21.6
1971	92.9	1,325	32.0	24.2
1972	95.0	1,516	38.0	25.1
1973	101.2	1,816	47.0	25.9
1974	95.2	2,035	55.0	27.0
1975	105.5	2,559	65.0	25.4
1976	100.1	2,757	74.0	26.8
1977	102.3	3,000	82.0	27.3

資料：竹中久二雄「緑茶流通の産直展開条件」東京農業大学『農学集報』第2号，1979，による。
注：緑茶生産高は農林水産省統計，防湿包装茶は日刊経済通信社調べによる。

高まっているものと考えられる(表2-28)。緑茶小売の形態として，真空パック，N-充塡といった方法による個別包装茶が普及していくであろうことは，その貯蔵性能，品質保持性能の高さからも当然の方向である。そこでの問題は，仕上加工，個別包装の過程を一体いかなる段階に介在するいかなる主体が担当するのかということである。それは，茶流通・市場再編の方向が，いまだ微弱とはいえ，基本的には，包装茶メーカーの展開にみるように，市場の体系的・垂直的統合主体ないし組織相互間の競争的構造へと向かっており，そこでは，マーケティング・商品化機能を担当する主体が価格形成の主導権を握ると考えられるからである。

今日，先に述べたような集散地・大消費地立地の包装茶メーカーの展開と同時に，産地段階において仕上加工，さらに個別包装までおこない直接消費地へ出荷・販売する対応がみられる。このような方向は，一般に，価格形成の主導権を産地に引き戻すという点と，さらに国内需要の拡大が期待しえない条件の下では，産地段階で緑茶商品の付加価値を高め，産地ブランドを消費者まで伝えることにより，産地にとっての個別的市場拡大を可能にするという点で積極的意義をもつ。現在，産地段階での仕上加工ないし包装茶販売へのとりくみは，産地商人，農協・経済連，個別農家のおのおのにおいて部分的にみられる[20)]が，その多くは産地商人によると考えられる。しかし，これまで個別農家（生産組合），農協・経済連による仕上茶販売活動が主に指摘されるにとどまり，産地商人によるそれは全く明らかにされていない。

9）産地茶市場の設置主体は，主に経済連であるが，他に単協あるいは社団法人である場合がある。単協設置の茶市場は静岡県においてみられ，社団法人設置の茶市場は鹿児島県の場合である。しかし，実際上の取引のあり方は基本的には同様である。取引方法は入札ないし相対であり，出荷者は単協ないし生産者，買受人は指定茶商とされている。

10）ここでいう個人出荷とは，商人販売と農家自身による個別販売とである。本来，両者は明確に区別することが必要であるが，統計上の制約から一括している。近年，交通・輸送・通信の発達を背景に，農家自らによる消費者への仕上茶販売の伸びが指摘できる。しかし，個別販売をおこないうる農家は，その市場条件，経営条件等からみて優等地立地の上層農に限られるであろう。現在，個人出荷に占める農家個別販売はおよそ⅓弱とされる。したがって，個人出荷の大宗はやはり商人販売であるといえる。

11）広域流通の概念について，たとえば吉田茂氏は次のように述べている。「国の行政区画である各都道府県をそれぞれ地域とし」，「地域内で生産され，地域内で流通する場合を地域流通とした」。他方，「広域流通とは，商品の移動が地域的にまたがっている場合をさす。広域流通は隣接した地域間と言う狭い例もあれば遠隔地間と言う流通範囲の広い例もある」。同氏「広域流通環境下における豚の地域内自給流通構造に関する経済的研究——沖縄県における豚流通の特質とその経済的意義——」琉球大学農学部『琉球大学農学部学術報告』第30号，1983，p. 17。ここでは，吉田氏の概念規定にしたがう。

12）荒茶は，そのままでは形状が不揃いで，また含水量も多く，長く貯蔵すると変質しやすいため，再製加工が必要とされる。荒茶の再製加工は，具体的には乾燥・火入れ，ふるい分け，および切断などによる整形，選別，さらに調整配合といった過程からなる。静岡県茶業会議所編『新茶業全書(改訂版)』1976，p. 355。

13）御園喜博『農産物価格形成論——農産物市場と価格形成——』東京大学出版会，1977，p. 189。

14）ここでいう企業とは，正しくは事業所である。とはいえ，茶仕上加工企業は単独事業所であるケースがほとんどである。

15）大越，前掲書，p. 169。

16），17）増田佳昭「緑茶流通における産地市場の展開と農協共販」関西農業経済学会『農林業問題研究』第16巻第1号，1980，p. 16。

18）同上，p. 16。「年商50億といわれる京都の有力な包装茶メーカーF社が，奈良県経済連茶流通センターとの間で予約相対方式による仕上茶の取引を始めた」。

19）竹中久二雄「緑茶流通と価格形成」東京農業大学『農学集報』第2号，1979，p. 289。

20）竹中久二雄「緑茶流通の産直展開条件」東京農業大学『農業集報』第2号，1979，pp. 282-288。

第３章
茶産地市場の展開と商業資本の変質過程
——福岡県八女茶の場合——

第１節　福岡県茶生産の旧産地性とその特質

(1)　福岡県茶生産の旧産地性と八女地区への集中

福岡県における茶栽培の歴史は古く，1400年代にさかのぼる。とはいえ，商品生産としての茶生産が本格的に展開し始めるのは，明治期以降のことである。昭和期に入って1930年代なかばには，茶栽培面積約1,200ha，荒茶生産量約500ｔの水準に達する。しかし，1940年以降，第二次世界大戦への突入にともない面積，生産量とも大幅に減少し，敗戦翌年（1946年）には茶栽培面積489ha，生産量357ｔと福岡県茶生産は戦前水準の約半分に低下する。戦後の

表３－１　福岡県における茶生産動向（1940，50，55，60，65，70，75，80年）
（単位：ha，ｔ，kg/10ａ）

	1940	1950	1955	1960	1965	1970	1975	1980
茶栽培面積	1,261	488	793	1,030	969	1,190	1,540	1,600
うち専用園	707	304	644	880	766	972	1,330	1,400
荒茶生産量	608	608	651	1,160	1,291	1,693	2,332	2,000
10ａ当たり収量	48	125	120	113	133	142	151	125

資料：農林水産省『茶統計年報』各年版。

動向は表３－１に示す通りであり，のちに茶栽培面積が戦前水準の1,200haを上回るのは70年以降のことである。このことから，生産力水準の差異はもちろん存在するが，戦前においてすでに茶産地形成はかなりすすんでいたといえる。その点を茶生産の地域的集中という面からみると，戦前のかなり早い時期から県内茶生産の大半は八女地区に集中していたことが確認できる。したがって，福岡県茶生産は一般に旧産地的性格が強く，同時にそれに応じて茶流通組織も以前から形成されていたと考えられる。

いま述べたように，福岡県における茶生産の中心は八女地区である。現在，八女市，筑後市，八女郡（黒木町，星野村，上陽町，広川町，矢部村，立花町）で県内荒茶生産量の９割近くを生産する。このような八女地区への茶生産の集中は，基本的には当地区が内陸であるため気温の日較差が大きく，加えて年間1,600～2,400㎜と降水量が多いといった気候条件によっている。

地帯別には，八女東部山間地帯と八女西部平坦地帯とにわけることができる。八女西部平坦地帯では，八女市を中心に肥沃な丘陵地において普通煎茶生産がおこなわれている。他方，八女東部山間地帯では，黒木町，星野村，上陽町を中心に矢部川等の上流に位置する傾斜地において玉露生産がおこなわれている。

⑵　八女茶生産の特質と市場条件

戦後の八女茶生産展開の特質は，他産地と比較した場合10ａ当たり荒茶収量の伸びがさほど大きくないという点である。そのことについて茶種別生産動向をみると（表３－２），1950年から80年にかけて，玉露，かぶせ茶，普通煎茶はそれぞれそのシェアを大きく伸ばし，それらの生産量シェアは50.3％から91.7％まで高まっている。他方，番茶，玉緑茶等の生産量シェアは同期間に49.7％から8.3％へと大幅に低下している。このように，八女茶生産は全体として下級茶生産の比重を減じながら高級茶・上質茶生産の比重を高めてきたのであり，収量の伸び率の低さはこのことによっている。

表3－2　福岡県における茶種別生産動向（1950，55，60，65，70，75，80年）

（単位：t，%）

		1950	1955	1960	1965	1970	1975	1980
実数	玉露	35	76	111	103	132	300	288
	かぶせ茶	—	4	7	31	25	73	80
	普通煎茶	271	670	903	951	1,267	1,673	1,530
	番茶	188	151	82	113	147	205	136
	その他	114	50	57	93	122	81	36
	計	608	951	1,160	1,291	1,693	2,332	2,070
シェア	玉露	5.7	8.0	9.6	8.0	7.8	12.9	13.9
	かぶせ茶	—	0.4	0.6	2.4	1.5	3.1	3.9
	普通煎茶	44.6	70.4	77.9	73.6	74.8	71.7	73.9
	番茶	30.9	15.9	7.1	8.8	8.7	8.8	6.6
	その他	18.8	5.3	4.9	7.2	7.2	3.4	1.7
	計	100.0	100.0	100.0	100.0	100.0	100.0	100.0

資料：表3－1に同じ。
注：計が100とならないのはラウンドによる。

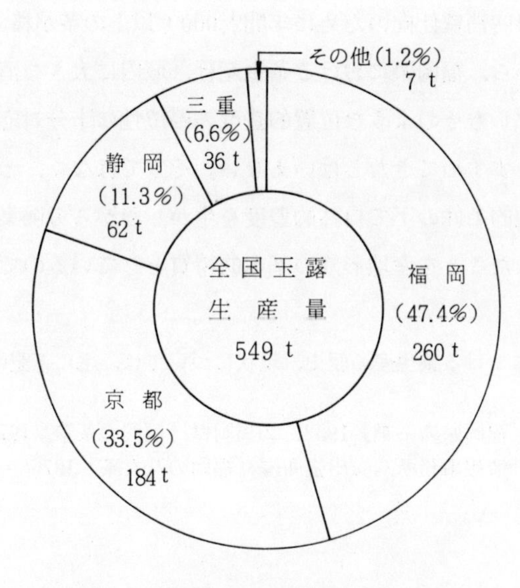

図3－1　玉露生産県別生産量（1982年）
資料：福岡県『福岡の八女茶』1983。

その結果，今日では福岡県茶生産は高級茶，とりわけ玉露生産に特化している点で全国でも有数の産地であり，現在，玉露については全国第1位の生産量をほこる。かつて，玉露生産では京都府(宇治)が圧倒的地位を占めていたが，1971年に福岡県が169 t，全国生産量の40%のシェアを占めるにいたり，京都府の生産量156 t を上回った。82年の数字では，全国玉露生産量の47.4%，5割近くのシェアを占め，第2位の京都府を大きく引きはなしている(図3-1)。にもかかわらず，玉露としての八女茶の銘柄は，依然として宇治茶に対してきわめて弱いものである[1)]。

ところで，福岡県が全国第9位の茶主産県であるとはいえ，県内荒茶生産量はおよそ2,000 t であり，県内消費量の半分弱程度をカバーするにとどまる。それは，福岡県が福岡市，北九州市という100万都市を抱えた地方一大消費地域であることによる。したがって，緑茶供給の面からのみみると茶主産県であっても，1つの地域としての需給状況をみると消費県としての性格が強い。現在，県内消費仕向のために年間2,000 t 以上の茶が移入されている。

以上のことから，福岡県における茶生産は，域内に大きな消費地市場を抱えながら，必ずしもそのような位置的豊度の優位性に十分対応して産地の外延的規模拡大をすすめてきたとはいえない。そうではなく，とくに山間地帯を中心に旧産地的条件の下で自然的豊度を生かしながら労働集約的高級茶生産に特化してきたことを産地形成の基本的特質としているのである。

1) 福岡県における茶生産の歴史，現状については，主に下記の文献を参考にした。
①福岡県『福岡県の茶業』1952，②福岡県『福岡の茶業』1972，③九州農政局福岡統計情報事務所八女出張所編『福岡の八女茶』1976。

第2節　農協共販の展開と前期的取引の制限

(1)　1960年以前の商人流通と前期的取引

福岡県における茶取扱商業資本の源流は静岡県等と同様，藩制時代の問屋制商業資本にもとめられる。しかし，今日現存する茶商にその流れを汲むものは少なく，明治期以降の茶輸出拡大のなかであらたに発生してきた茶商と，比較的大経営であった農家が買葉製造の比重を高め，やがて茶商へと転化していったものとの2つが考えられる。明治期末には，八女市に店舗をかまえ，仲買の収集した荒茶を買いとって消費地問屋に売り渡す産地問屋があらわれ，とくに昭和期に入ると，輸出用の日乾釜炉茶とともに普通煎茶の生産がすすめられ，主に県内で販売されることとなった。一方で，農村更生助成策の一環として福岡県購買販売農業協同組合連合会（以下，購販連と略記）による農産加工場が建設され，荒茶の集荷，再製加工がおこなわれる。これが福岡県における農協系による最初の茶流通への進出であったが，まもなく第二次世界大戦をむかえる。戦時統制をへることによって，戦前の八女茶をめぐる流通組織は根底から破壊されたのである。

戦後をむかえ，一方での戦前からの古い茶商とともに，新興茶商があらわれるにいたる。つけ加えると，1953年には農協系の農産加工場が購販連の再建整備にともない八女郡内27組合による八女郡経済農業協同組合連合会（以下，八女経済連と略記）へ移管されるのであるが，統制解除を背景とした茶商の経済活動の活発化によりその集荷率は低下の一途をたどっていった[2)]。

以上のような過程を経て戦後の茶流通組織は存在するが，ここでは農協共販が本格的に展開し始める1960年以前の茶流通のあり方についての検討から始めたい。

当時の実態を示すものとして，表３－３と表３－４があげられる。

表３－３をみると，荒茶については，荒茶工場（農家）から直接に県内他地区および県外へ販売されるのは約1/4であり，地区内販売は残り3/4である。再製茶については，県内他地区，県外への販売が大半を占めている。しかし，八女地区での再製量自体さほど多くはなかったと考えられるため，産地流通は荒茶流通を中心に考えることができる。荒茶販売の八女地区仕向について仕向主体別にみると，その約1/4が八女経済連工場へ販売され，それ以外は仲買あるいは八女地区茶商へ販売されている。ここでいう仲買は主に八女東部山間地で荒茶を収集し八女西部平坦地の産地問屋まで荷を持ち込んでいた。したがって，当時の八女茶の産地流通は「荒茶工場――仲買――産地問屋」，あるいは「荒茶工場――産地問屋」という流通経路をその大宗とし，さらに，

表３－３　八女茶産地荒茶工場の仕向先別茶販売量構成（1959年度）

（単位：％）

仕向先＼種別	荒茶	再製茶
八女経済連工場	19.6	3.0
仲買人	12.5	5.4
八女地区茶商	44.9	6.0
他地区茶商	15.5	48.8
県外茶商	7.5	36.8
計	100.0	100.0

資料：福岡県『八女茶産地診断調査ならびに勧告書』1961年。

表３－４　八女茶産地荒茶工場における茶種別仕向先別販売量構成（1960年度）

（単位：％）

茶期	仕向先＼種類	玉露	かぶせ茶	煎茶	玉緑茶	その他茶
一番茶	八女経済連工場	22.3	18.7	29.5	1.8	6.6
	仲買人	16.5	34.4	11.9	0.6	38.7
	八女地区茶商	36.3	46.2	44.9	9.3	20.0
	他地区茶商	21.2	0.7	13.2	16.6	31.7
	県外茶商	3.7	0.0	0.5	71.7	—
		100.0	100.0	100.0	100.0	100.0

資料：表３－３に同じ。

産地問屋により消費地問屋へ出荷されていたといえる。

茶種別にその実態について補足しよう(表3-4)。まず指摘できる点としては，県外仕向のほとんどが玉緑茶だということである。当然，その仕向先は主にその需要のある佐賀，熊本両県に限られる。同時に，その他の茶についてはそのほとんどが県内仕向であったことが確認できる。玉露，かぶせ茶，煎茶の仕向先は，いずれも「仲買・八女地区茶商」のシェアが5割以上を占めている。このように玉緑茶以外の玉露，かぶせ茶，煎茶についてみると，その産地流通は仲買と産地問屋をその中心的担い手としていたことはより明らかである。

それでは，「仲買――産地問屋――消費地問屋」という流通機構においておのおのの商人はいかなる機能を担っていたのであろうか。

仲買は荒茶集荷段階に介在し，産地における小規模分散的生産と産地問屋とを結びつける機能を果たしていた。その際，荒茶の品質を評価することは決して容易ではなく，そこで一般に茶商には永年の経験ならびに各農家の土地条件や生産技術水準に関する知識が必要とされる。農家と庭先で商談をする上でも以前からのつながりのある方が有利である。そこで，仲買の多くは産地出身者であり，主に農家の次・三男である。当時の仲買は茶のみならず地区内で生産されるあらゆる農産物をとりあつかっており，茶商というよりも農産物一般の仲買というべきものであった。それは，基本的には当時の農家がいまだ多品目少量生産であったことによるのであり，農家は自己の生産物の販売を仲買に全面的に依存していたのである。すなわち，仲買はそのような生産をまるごとつかんでいたのであるが，反面，そのような零細生産と結びつくかぎりにおいて，仲買自体その規模をさほど拡大しえなかったのも事実である。ともあれ，このように仲買は主に山間地において地縁・血縁を背景に，小商品生産者としての小農と固定的取引関係を保っていたのである。

産地問屋については，小売商から卸へ進出したものと，仲買のなかで資力を貯えたものが店をかまえるにいたったものとが存在する。産地問屋は，仲買から荒茶を買い消費地問屋へ卸す機能を担っていた。当然のことながら，産地問屋は資力の点において仲買にはるかにまさっており，仲継段階を担当しながら代金決済等をふくめた金融面を通じて仲買と固定的取引関係を維持し，実質的に自らの代理人としていた。

ところが，以上は産地流通の枠のなかでのことであり，かような産地問屋もひとたび県内茶流通のなかに投げ込まれると仲継段階としてよりも集荷段階の延長上に位置づけられねばならなくなる。すなわち，仲買，産地問屋の上に県内茶流通の頂点としての大手消費地問屋が存在していたのである。その背景として，当時の八女地区における茶生産の拡大がいまだ十分にすすんでいなかったことをあげることができる。県内の茶消費をまかなうためには，その大半を静岡県産茶に依存せざるをえなかったのであり，それゆえ，県内大手消費地問屋にとって八女地区産地茶商は茶仕入先の１つにすぎなかったといっても過言ではない。当然，茶商の規模として消費地問屋が産地問屋より大きく，したがって，代金決済等金融上の機能は消費地問屋に集中していたのである。

このように，福岡県における八女茶流通は消費地問屋を中心に産地問屋，仲買，生産者といったたての市場編制を形成していたのであり，その結びつきはかなり固定的であり閉鎖的なものであった。

それでは，そのような消費地問屋による固定的・閉鎖的市場編制を可能ならしめていた具体的条件は何であったのか。それは，第１に，先に述べた金融機能の担当であり，第２に，仕上加工過程の担当と「合組」技術の掌握，第３には，情報の独占による市場分断[3)]である。その積極面は，小売商に対しては一定のとき，一定の品質のものを一定量供給し，産地茶商に対しては多様な品質の季節的商品すべてにその販路をみいだすという需給の量的質的整合機能を果たしていた点にある。しかし，消極面としては，その閉鎖性，固定性が代金回収の遅れ，あるいは価格水準の低位性といった問題としてあらわれていた。とくに，そのことが多品目少量の零細生産であり交通輸送条件等の制約から自ら商品化する力をもたない生産者側にしわ寄せされたことはいうまでもない。産地問屋，とりわけ仲買と生産者との取引関係において，たんなる金融上の支配にとどまらず人的関係を基礎に代金回収の不能等のいわゆる前期的取引が一般的であった。

(2)　農協共販の進展と前期的取引の制限

商品生産の展開のなかで正当な価値実現要求，すなわち，正常なる価値法則の貫徹を求める声が高まっていくのは当然の理である。それは，一方で，1955年以降の労働力市場の展開のなかで農村における生活水準の向上とその標準化がおしすすめられ[4]，他方，農業生産がより専門化し販売を目的とした生産としての性格を強めていった過程の別の表現である。当時，高度経済成長による緑茶需要の増大を背景としながら，八女地区においても主産地化がすすむなかで茶生産と閉鎖的市場構造との矛盾，すなわち，農民の価値実現要求と市場の前期性との矛盾が深まっていったものといえよう。具体的には，農協による荒茶共同販売というかたちをとってあらわれてくるのである。

八女地区において最初に共販を始めたのは，現在の黒木町農協の1支所である当時の笠原農協である。1951年から事業にとりくみ，52年に最初の入札販売会が開かれている[5]が，当時の集荷量はごくわずかであった。55年に星野村農協で，63年に黒木町農協で，64年に上陽町農協でそれぞれ入札販売会がもたれている。その後の共販率の推移をみると，65年度には星野村45%，黒木町20%，上陽町43%であったが，69年度には（表3－5）おのおの68%，82%，89%と急速にそのシェアを高めている。他方，平坦地においては共販率は69年度でいまだ八女市10%，筑後市29%，立花町11%，広川町54%である。すなわち，農協共販は当初山間地を中心に展開し，平坦地では一定のタイム・ラグをもってあらわれたのである。

それは，1つには，山間地ほど市場の局地性が強く，前期的商人の介在が一般的であったことによる。また，いま1つには，茶販売価格の農業所得に

表 3－5　八女地区農協別共販率（1969年度）

（単位：t，%）

項　　目	販売対象数量	農協受託量	共販率
八女市	714.2	73.3	10.3
筑後市	227.4	66.8	29.4
立花町	98.0	11.0	11.4
広川町	123.5	66.7	54.0
矢部村	46.5	12.0	25.8
黒木町	164.0	135.2	82.4
上陽町	100.5	89.3	88.9
星野村	99.8	68.0	68.1
計	1,573.9	522.3	
%	100	33.2	

資料：福岡県『福岡の茶業』1972年。

表 3－6　八女地区農協別荒茶平均単価（1969年度）

（単位：t，千円，円/kg）

項　　目	販売量	販売金額	平均単価
八女市	73.3	46,144	630
筑後市	66.8	35,636	533
立花町	11.0	5,260	478
広川町	66.7	40,669	610
矢部村	12.0	11,216	935
黒木町	135.2	228,718	1,692
上陽町	89.3	174,151	1,950
星野村	68.0	165,871	2,439

資料：表 3－5 に同じ。

及ぼす影響の大小があげられる。

1969年度の農協別荒茶平均単価をみると（表 3－6），平坦地では500～600円/kgであるのに対し，山間地ではほぼ1,000円/kg以上である。とくに黒木町，上陽町，星野村では2,000円/kgにも達している。それゆえ，山間高級茶産地ほど販売に際して価格（単価）に対する要求が強かったと考えられる。

以上のように，八女地区における荒茶共同販売は1960年代を通して主に山間地を中心に展開していったのであり，とりわけ65年以降急速な進展をみせ，60年代末には産地全体としてみれば総荒茶生産量の3割強が共販ルートにのることとなった。とくに共販率の高い上陽町にいたってはその9割が共同販売されるまでにいたる。

ところで，八女地区における農協共販の進展・拡大は，それが65年以降顕著であることからもわかるように，基本的には茶生産の主産地化の進展ならびに緑茶需要の増大という市場構造の変化を背景としたものであった。それは，以前からの前期的商業組織，とりわけ産地仲買がその前期的性格とあわせて規模の零細性ゆえに，大量化する供給・需要を結びつける上で合理的機能を果たしえなくなったからである。すなわち，農協共販は，一方で生産者の価格要求を満たしながら，他方で県内茶商の荷不足・大量仕入要求に応える機能を担ったのである。

しかしながら，実際上，農協が共販率を高めるためには，より多くの生産者の共販参加を必要とするが，必ずしも，農協に協力的な生産者のみとはいえない。そこで，産地荒茶集荷をめぐる仲買との競争において，その資金力を背景に自ら金融機能を果たすことにより，生産者の信頼を得ていったのである。その金融機能とは，万一茶商の代金決済が遅れた場合であっても，農協側で取引後一定期日内（一般に90日後）に農家の口座に代金振込をおこなうということであった。

したがって，農協共販＝荒茶共同販売の生産者にとっての意義は次のような点である。第1に，以前みられた量目のごまかしなどの不公正な取引が制限され，第2に代金決済上のリスクが大幅に減じられ，さらに第3に従来の庭先取引と比較し，生産者側が一定の価格交渉力をもつにいたったのであり，総じて産地取引における前期性が排除されたことである。

(3)　農協共販の内実とその限界

ところで，茶共販では，農協が農家から委託された荒茶を査定した上で入札ないし斡旋販売方式により茶商に販売することを基本業務とした。ここで触れておかなくてはならないのは，これら荒茶共販の「共販」としての内実である。

一口に共販といっても，その共同化の程度により段階として低位なものから高位なものまで考えられる。共販の一般的理念は，零細な小農の生産物を農協に集め大量化し，計画的に販売することにより，中間商人の不当な商業利潤を制限し，また農家に適正な手取価格を実現するということである。大量化のためには共選が重要な意味をもち，計画販売のためには無条件委託が不可欠となる[6)]。

ところが，当初の茶共販についてみると，必ずしも無条件委託とはいえない。農協は農家の出荷単位別に入札ないし相対で販売し，その際，農家に指値が認められている場合が多い[7)]。それは，各農家の土地条件・技術水準の格差が大きいために生産物の品質格差は大きく，またその品質差が大きくかつ微妙に価格差に反映するからである。そのような条件の下で荒茶販売について完全な共選をすすめることはきわめて困難であるといえよう。要するに，共選，無条件委託といった条件が，荒茶共販では基本的に個別農家間の技術水準・土地条件のばらつき，多様性といった生産の「個別性」，およびそれらをとりまく価格・市場条件により容易に実現されがたいのである。

以上のように，茶共販は，少なくとも60年代なかばまでは，実質的に無条件委託ではなく，共販とはいえ生産者の個別性を強く残したままのものであり，その結果，農協として独自のマーケティング対応をとる余地は少なかった。そこでは，茶流通においていまだ茶商が専門的手腕を生かす領域が残されていたということができる。

それでは，1969年当時の八女地区農協の市場対応について具体的にみておこう。出荷先をみると，八女西部平坦地の農協と八女東部山間地の農協とで大きな差異が存在する(表3-7)。平坦地農協では，八女市農協を除くその他の農協は全量八女経済連販売である。他方，山間地農協では，八女経済連販

表3－7　八女地区農協別出荷先別販売量割合（1969年度）

（単位：％）

項目	八女経済連	県内茶商		県外茶商	その他	仕上用買取分	計
		八女地区茶商	八女地区外茶商				
八女市	30.3	—	—	—	21.7	48.0	100.0
筑後市	100.0	—	—	—	—	—	100.0
立花町	100.0	—	—	—	—	—	100.0
広川町	100.0	—	—	—	—	—	100.0
矢部村	—	71.3	28.8	—	—	—	100.0
黒木町	31.8	46.1	20.7	1.4	—	—	100.0
上陽町	35.6	28.7	31.4	4.4	—	—	100.0
星野村	—	79.4	—	16.2	—	4.4	100.0
計	46.2	28.8	11.4	3.2	3.0	7.3	100.0

資料：表3－5に同じ。
注：計が100にならないのはラウンドによる。

売は少なく，県内茶商とりわけ八女地区茶商への販売が多い。全体としてみれば，八女経済連販売と県内茶商販売とで農協共販量の9割弱を占める。

例外的に，八女市農協，星野村農協の場合，県外販売あるいは仕上加工をおこない独自の市場対応をとっている。しかしながら，県外茶商への斡旋販売あるいは再製加工・仕上茶販売へのとりくみは，次のような問題点をもつ。それは，1つに，高度な茶取扱・販売技術が要求されるという点であり，いま1つに，販売代金回収の遅れ，不能といった取引上のリスクの負担をしいられるという点である。それゆえ，全体として県外販売および仕上用の買取分は，おのおの総販売量のわずか3.2％，7.3％のシェアを占めるにすぎない。要するに，当時の八女地区農協の市場対応は，基本的には県内茶商，それも八女地区茶商への入札・斡旋販売と八女経済連への斡旋販売であったということができる。さらに，県内茶商（八女地区茶商，地区外茶商）への販売について，その約1/3が入札販売ではなく斡旋販売によっている点は注目される（表3－8）。農協と県内茶商との結びつきの強さがみてとれる。

ここで，農協共販展開の意義と限界について要約しておこう。その意義は，

表 3-8　県内茶商への販売方法別販売量割合（1969年度）

（単位：%）

項目	八女地区茶商			八女地区外茶商		
	入札販売	斡旋販売	計	入札販売	斡旋販売	計
矢部村	79.5	20.5	100.0	49.3	50.7	100.0
黒木町	20.6	79.4	100.0	78.3	21.7	100.0
上陽町	60.7	39.4	100.0	62.4	37.6	100.0
星野村	100.0	—	100.0	—	—	—
平均	59.2	40.8	100.0	69.3	30.7	100.0

資料：表3-5に同じ。
注：計が100とならないのはラウンドによる。

すでに指摘したように農協が産地において集荷機能を担うことにより，農家を特定の仲買，産地問屋との固定的取引から自由にし，よって，以前みられた茶商による農家との前期的取引を制限した点にあった。また，農協が金融機能を果たすことにより，農家にとって代金決済を確実なものとし，農業経営の安定化に寄与したといえる。

他方，その限界としては，農協共販は主として仲買を排除するにとどまり，よって，農協と地元茶商との結びつきはかなり強いものとして残ったといえる。それは，農協が産地における集荷機能は担いえたが，仕上加工・合組をおこなうことによる需給調整機能までをも担うような積極的マーケティング活動を展開しえなかったことの結果である。

茶商側への影響としては以下の点が指摘できる。第1に，仲買の存立基盤が失われるにいたった，第2に，以前消費地問屋の傘下にあった産地問屋が農協の金融機能にささえられて消費地問屋から相対的に自立化していった，第3に，消費地問屋も資力さえあれば産地での荒茶仕入がより容易となった，第4に，総じて，荒茶集荷をめぐっての茶商相互の競争激化という点である。

2）　福岡県『福岡の茶業』1972，pp.127-128。

3)　商人による市場分断ないし市場遮断について，美土路達雄氏は次のように述べている。「流通において商人は堰の役割を果たす。それは農民相互間（また消費者相互間）の市場を分断するのみならず，生産者市場と消費者市場の間を遮断することにより，前者ではつねにだぶつき気味，後者ではありがすれの状態をつくり，安く買い叩き，高く売り逃げる一つの装置をつくる。そのテコとなるのは保管，運搬，規格化などだが，問題の核心はそのこと自体でなく，それを商人資本がもうけるように支配・運用することにこそある」（協同組合経営研究所『戦後の農産物市場（下巻）』全国農業協同組合中央会，1958，pp.268-269)。

流通過程で商人が堰の役割を果たすこと自体は，一般には需給調整機能を果たすことにほかならず，商人の本来的なあり方である。したがって，美土路氏が指摘しているように，そのこと自体が問題なのではなく，その運用の仕方が問題となる。他方，情報の独占は即自的に市場分断，市場遮断であり，市場の合理化・近代化に対し消極的な意味しかもちえない。

4)　綿谷赳夫『綿谷赳夫著作集Ⅰ　農民層の分解』農林統計協会，1979，p. 174。

5)　当時の状況を次の文章がよくあらわしている。

「(故人の話では，以前は）朝4時から15～20日間暗くなるまでぶっ通し，ただ憩の焼酎と卵の力を借りて茶を揉んだ。終わる頃は骨，皮になっていたと……。その，それこそ心血を注ぎ，魂をこめて揉んだ茶が時として無残な姿となったことが多かったと言う。

①思いがけなく早く高く売れれば上々。②早く売ろうとすれば思う価格には売れない。③お盆前に半金は戴けたが，あとは正月払い。④お盆前に半金は戴けたが，あとは価格変動とかで回収不能。⑤思わず高く売れたがその喜びも束の間，契約だけで代金回収出来ず，人にも言えず泣き寝入り。以上のような……話が……当然のこととして……まかり通っていたと言う。

『血と汗の結晶には稔りを』

そのようなことを（実現するために）正常な方法を取り，健全な販売を考えよう。それが，至難と言われた茶共販の原点と考えたい。

昭和27年当時，工場の数も少なく，勿論生産量も現在から見れば比較にならなかった。しかし，共販について若い方々の結束の結果，疑心暗鬼ながら，大方の生産者の共鳴を得ることが出来た。小学校講堂に250箱程度の茶が集められた。業者の皆さんも，初めてのこと，どのようなことをするのかとの物珍しさも手伝ってか遠くは北九州，福岡方面，近くは久留米あるいは郡内を含め30名余の業者の来訪を戴いた」（黒木町農協茶業部会笠原支部『笠原地区銘茶共販30周年記念大会』1983，pp.4-5)。文中括弧内は筆者，また一部誤字等訂正。

6) 無条件委託は，平均販売，共同計算とならんで共販3原則の1つである。共販3原則は，共販理念を実現するためのルールであり，戦後，1951年に「農林漁業協同組合再建整備法」が制定され，翌52年に「農協共販体制確立運動」が展開されるなかで生み出されたきたことは周知の通りである（若林秀泰「農協共販の再検討」桑原正信監修『講座現代農産物流通論第5巻　流通近代化と農業協同組合』家の光協会，1970，pp.120-150）。しかし，その後，50年代後半に入って「自主協販運動」が模索される。そこでは，組合員が販売目標価格を設定するという条件委託方法がとられた（榎勇「戦後における農協販売事業の変貌過程」湯沢誠編『農業問題の市場論的研究』御茶の水書房，1979，pp.113-114）。

今日，いまだ無条件委託の有効性・妥当性について定まった見解はないと考えられる。大まかには，①無条件委託肯定・桂瑛一氏，②無条件委託否定＝条件委託（目標価格設定）・美土路達雄氏，③委託方式そのものの否定＝買取制・若林秀泰氏，と分類できるであろう。

7) 当初の入札販売会には茶商のみならず生産者もその場に集まっていたという。茶商の入札による高値落札価格について生産者の了解を得るためである。この生産者の同意をもって取引は成立する。もし，生産者が同意しなければ不落となる。

このような取引方法は，共販量の増大，販売会開催回数の増とともに減少していくが，農協への完全委託がほぼ実現したのは黒木町農協では1965年頃という。なお，現在においても一部農協では生産者による指値がみられる。

第3節　茶流通センター整備と大量流通条件の形成

(1)　茶流通センター設置までの経過と取引の実際

1969年度において3割台であった農協共販率は，74年度には6割台まで高まった。そのなかで，74年に，県下一円を対象とする一元集荷体制整備のため産地茶市場（茶流通センター）が設置されるにいたる。

福岡県における産地茶市場は，県購販連により設置され，その正式名称は「福岡県購買販売農業協同組合連合会茶流通センター」である。

まず最初にセンター設置までの経過について述べておこう。

1960年代後半から八女地区で茶園面積の増加，基盤整備の進展がみられ，その結果，行政サイドから流通構造の近代化が次の政策課題としてとりあげられていた。また，69年以降，奈良県をはじめに鹿児島県，三重県，京都府と流通近代化の柱として産地茶市場整備がすすめられていたことから，生産者サイドとしてもそのような先進地に追随していかなくてはという気運が高まっていたといえる。あわせて，販路等の問題で当時の八女経済連の経営が行き詰まっており，八女地区の各農協が茶再製加工場の県購販連への移管を望んでいたという事情もあった。すなわち，各農協による茶工場の県段階への移管要求と，国・県側の茶流通システム化・近代化構想とが合致して，福岡県においても茶流通センターが設置される運びとなったのである。

しかし，設置に際しては強い反対があった。反対の意向が最も強かったのは県内茶商である。反対理由としては，第1に茶商としての取引の自由が奪われる，第2に農協手数料の上にさらにセンター手数料をとられるということである。しかしながら，大手茶商にとっては，センターに茶が集まることにより必要な茶を大量に仕入れることができ，また集荷労働の節約になるといった点が有利に作用する。そこで，大手茶商から徐々に条件つきで賛成にまわり，最終的には条件つき設置に落ち着いたのである。その条件とは，第1に入札参加茶商の指定およびその制限，第2に代金の支払期限について，第3に購販連による買付，販売の制限，第4に従来からの商習慣である粉引を残すことであった。他方，生産者側にもその自立性が否定されるのではという危惧があったため，農協がセンターへ出荷する際，指値を認めることで協力を得た。茶流通センターは以上のような設立の経過をもち，農協，茶商，行政の妥協の産物として出発している。

設備内容についてみると，1974年に茶取引施設，低温貯蔵庫，再製加工施設等を，さらに78年に集出荷場を設置している。

事業の主な構想としては，①取引の近代化と合理化，②出荷調整と適正価格の実現，③低温恒湿貯蔵による品質保持と良質茶の供給，④茶の流通と金融の円滑化，⑤系統共販体制の整備拡充の拠点とする，⑥茶の生産，荒茶加工組織の育成強化，以上の6点があげられた。

業務内容としては，入札販売会の開催および相対取引の斡旋，それにともなう荒茶の査定および金融，さらに冷蔵保管と仕上加工である。入札販売会の開催および相対取引の斡旋についてみると，出荷者は県内農協であり指値をつけて出荷する条件委託である。入札で販売する際の指値の設定は農協，茶生産連[8]とセンターで協議の上おこなっている。入札茶商は県内指定茶商に限られており，茶商は入札参加資格を得るためにセンターと茶売買基本契約書をとりかわし[9]，取引手数料をふくめた売買代金およびその支払時期等について強い拘束を受ける。入札販売会での取引の成立率は約2/3で，未成立の場合は農協と連絡をとりながら相対で販売する。

では，センターでの取引の実際はどのようであるのか，以下みていこう。

1974年の設置以降のセンター茶取扱実績は図3-2の通りである。取扱金額は74年度以降一定の伸びを示しながら推移してきたが，取扱量は78年度から79年度にかけて減少に転じている。その結果，センターの集荷率は頭打ち傾

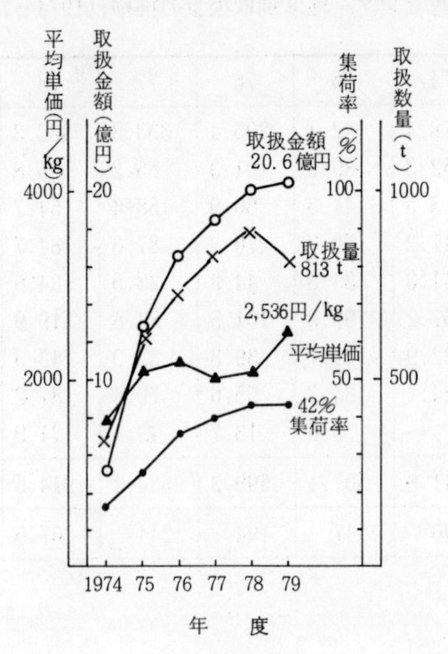

図3－2　八女茶流通センター取扱実績の推移（1974―79年度）
資料：流通センター資料による。

表3－9　八女茶流通センター取扱の地区別内訳（1979年度）

（単位：t，円/kg，百万円，%）

地区名	取扱量	平均単価	取扱金額	取扱金額
八女市	271.9	1,606	436.8	21.2
筑後市	84.9	1,617	137.3	6.7
立花町	23.9	1,264	30.2	1.5
広川町	73.7	1,786	131.6	6.4
星野村	33.2	7,599	252.3	12.2
上陽町	104.9	4,870	510.9	24.8
矢部村	33.9	2,938	99.6	4.8
黒木町	97.5	3,938	331.3	16.1
その他	88.7	1,473	130.5	6.3
計	812.6		2,060.5	100.0

資料：茶流通センター資料による。

表 3-10 八女茶流通センター地区別取扱量の推移（1974—79年度）

（単位：t）

地区名	74	75	76	77	78	79	79/74倍
八女市	78.4	82.1	205.4	333.8	332.3	271.9	3.5
筑後市	52.3	89.9	101.3	85.2	85.8	84.9	1.6
立花町	3.5	41.3	60.9	58.4	54.7	23.9	6.8
広川町	47.2	70.7	76.8	87.3	84.7	73.7	1.6
星野村	41.3	35.3	44.8	23.5	34.6	33.2	0.8
上陽町	57.2	99.8	101.5	84.8	119.9	104.9	1.8
矢部村	32.9	41.7	39.3	32.3	43.5	33.9	1.0
黒木町	24.7	34.7	55.6	79.8	87.2	97.5	3.9
その他	—	5.6	13.7	49.1	71.9	88.7	…
合計	341.8	501.1	699.3	834.2	914.5	812.6	
係数	100	147	194	244	267.5	237.7	

資料：表 3-9 に同じ。

表 3-11 八女茶流通センター茶種別取扱量割合の推移（1974—79年度）

（単位：%）

茶種＼年度	1974	75	76	77	78	79
玉露	28.6	35.5	42.4	46.0	54.8	44.1
冠茶	—	—	—	—	36.5	15.6
煎茶	22.7	24.9	45.9	42.3	56.1	46.1
二番茶	15.1	19.2	30.8	37.7	36.8	43.7
三番茶	16.3	21.8	37.4	58.0	41.8	42.2
四番茶	9.5	23.7	30.6	47.0	22.1	…
番茶	0.0	0.0	0.0	0.0	26.3	67.2
その他	—	—	—	—	—	—
玉緑茶	0.0	0.0	0.0	0.0	0.0	0.0
集荷率	17.4	21.5	34.9	41.1	43.0	42.0

資料：表 3-9 に同じ。

注：1979年度のみ 9 月30日までの数字であり，四番茶が不明となっている。

向を示すにいたり，現在4割台にとどまっている。

表3-9をみると，1979年度のセンターへの出荷金額の大きな地区は，上陽町，八女市，黒木町，星野村であり，この4地区で総取扱金額の70%以上を占めている。74年度から79年度にいたる出荷量の伸び率は(表3-10)，74年度出荷量の極端に少なかった立花町を除くと，黒木町，八女市がそれぞれ3.9倍，3.5倍と大きな伸びを示すが，星野村は0.8倍と停滞傾向を示している。さらに動向を詳しくみると，八女市，筑後市，立花町，広川町，星野村のセンター出荷量は，76,7年をピークに減少に転じている。

茶種別にみるとどのようであろうか(表3-11)。傾向として，玉露，かぶせ茶，一番煎茶といった高級茶・上級茶取扱の停滞，下級茶取扱の伸びが指摘できる。78年度から79年度にかけてセンター集荷率は，玉露10.7%，かぶせ茶20.9%，一番煎茶10.0%とそれぞれ減少しているのに対し，二番茶，三番茶ではそれぞれ6.9%，0.4%と増加している。このことから，センター集荷率の伸び悩みはまさに高級茶・上級茶取扱の伸び悩みにほかならなかったのである。

(2)　産地出荷対応と茶商の買入状況

市場出荷率の低迷は，第1には農家の共販出荷回避，第2には農協の茶市場出荷回避によっている。

第1の点についてみると，1979年度の農協共販率は6割であり，したがって残り4割が個人販売とりわけ商人販売である。個人販売のなかには一部農家自身による小売販売もふくまれるが，大宗は商人販売であると考えられる。農家と商人との結びつきはいまだ強いといえる。

第2の点について，各農協の市場対応をみてみよう。上陽町，矢部村，筑後市，立花町，広川町の各農協は集荷した荒茶のほぼ全量をセンターへ出荷し，農協独自の市場対応をとっていない。とはいえ，八女地区のなかでもとりわけ荒茶生産量の多い平坦の八女市，あるいは玉露生産量の多い山間の黒木町，星野村の各農協の場合，事情は大きく異なる。

八女市農協についてその販売先をみると，センター出荷，静岡茶市場出荷，さらに農協自らの再製仕上仕向の買入分がある。1979年度の販売金額はそれぞれおよそ4.3億円，２億円，２億円である。静岡出荷は主にかぶせ茶，玉露，上級煎茶であり，センター出荷は中下級茶が主体となっている。それは，価格面で静岡茶市場がセンターより有利だからであり，センター出荷分が玉露5,742円/kg，煎茶2,536円/kgのとき，静岡出荷分は玉露6,391円/kg，煎茶3,516円/kgと，玉露・煎茶についてそれぞれ649円，980円もの価格差がある。大口（約200kg）であれば静岡までの輸送費はおよそ20円/kgであり，先の価格差はそれを償って余りある。さらに，代金決済について，センターでは取引後90日期限であるのに対し，静岡茶市場は10日後現金となっていることの魅力も大きい。なお，八女市農協では78年に仕上機械の買い換えをおこなっており，近年ますます仕上茶販売に力を入れてきている。

黒木町農協の場合，茶種別の出荷先別出荷量割合をみると，煎茶についてはセンター出荷が2/3，地元茶商への販売が1/3であるが，玉露についてはセンター出荷，静岡茶市場出荷，地元茶商への販売がそれぞれ1/3といった状況である。特徴的な点は，１つに，玉露は静岡出荷がかなりの量みられるということである。また，いま１つに，とくに地元茶商への販売が相当みられることである。後者の点については，茶商への直接販売がセンター出荷と比較して有利な事情があることによっている。それは，第１に市場出荷のための手間がかからず，同時に市場手数料が不要な点であり，またさらに，第２に代金決済上の危険は大きくてもとくに上質茶の場合それ相応の品質評価を受け高価格で売れるといった点である。したがって，茶商との取引は，一面では以前からのつながりにもよるが，より基本的には農協・生産者にとって販売上の価格メリットが大きいからこそ存続しているのである。

同じく山間の星野村農協では，仕上茶販売に力を入れており，現在では共販量の40％を買い取り，仕上加工にむけている。仕上茶販売金額は74年度から78年度にいたる4年間に1.7億円から4.2億円へと大幅な伸びを示している。その販売先は全国に広がっており，最近は大都市圏の大手デパート仕向も増えている。このようなマーケティング対応をおこないえた背景としては，第1に，星野村が八女地区東部山間のなかでも最も上質な玉露の産地であり，一種の製品差別化条件が存在すること，第2に，茶以外に主要な商品作目がなく農協の販売事業は茶が中心であり農協の性格として「茶農協」ともいうべき専門農協的性格が強いこと，第3に，加えて茶の取扱・販売業務に熟達した農協マンの存在をあげることができる。

以上みたように，現在の八女地区の各農協はその多くがセンター出荷を基本としながらも，他方，生産面で優等地的条件をもち同時に販売力のある農協の場合，センター出荷のみならず地元茶商への直接販売，静岡出荷，あるいは仕上茶販売といった独自のマーケティングを展開している。それゆえ，結局のところ，センター出荷の伸び悩みは，センターが一般に代金決済等で最も安心できる出荷先であるとしても，他の出荷先と比較した場合，価格メリット等の点で必ずしも有利な出荷先とはいえないことによっている。

次に，入札茶商側についてみておこう。79年現在で指定茶商は57名で，そのうち経常的に取引に参加しているのは約半数である。指定茶商の地区別の内訳は，八女地区茶商29名，地区外茶商28名である。そのなかで最も大きい茶商は年間茶取扱金額が8億円以上であり，茶商間の規模格差は広がりつつある。各茶商のセンター仕入の状況をみると（1979年度），第1に年間を通して取引の全くない茶商が7名もいること，第2に上位10名の茶商で総仕入量の61％も占め（表3-12），また上位2名でも約20％を占めていることが指摘できる。茶仕入の一部少数者への集中傾向がみてとれる。

(3)　茶流通センターの機能と産地茶商への影響

ここで，茶流通センターの機能について整理してみよう。

センターが果たした機能のなかで最も注目すべきは，金融の円滑化にかか

表3-12　八女茶流通センターにおける入札茶商別取扱量シェア（1979年度）　（単位：t，％）

購入量別 茶商	茶購入量	シェア	累積シェア
上位1～10人	389.2	61.0	61.0
次位11～20人	126.7	19.9	80.9
中位21～30人	69.6	10.9	91.8
下位31～57人	52.2	8.2	100.0
計	637.7	100.0	

資料：表3-5に同じ。

わる点である。代金決済について，農協側に対して取引後30日以降利息を支払い，かたや茶商側からは60日以降分についてのみ利息を受け取るにすぎず，その間30日分の利息をセンターが負担する。その支出財源としては，農協と茶商がセンターに対して支払う手数料収入の一部があてられる。

センターがこの機能を担ったことの意味は重要である。1つには，農協の金融機能を補うことによって生産者への代金決済をよりスムーズにしたということであり，いま1つには，茶商に対しても茶仕入代金支払の負担を軽減したということである。というのは，通常，茶商は茶仕入代金の支払について金融機関へ依存せざるをえない。にもかかわらず，中小零細資本である多くの茶商にとってその借入は決して容易ではないからである。

さらに，センターは大型の茶低温恒湿貯蔵庫を設け，保管機能を果たしている。これは，主として，取引後の茶商の荷の保管に利用され，保管料金水準が低いことからも，茶商へのサービスの意味あいが強い。

とはいえ，これらの点は先に述べたセンターにおける茶仕入の一部少数者への集中という条件の下では，センター利用度の高い特定茶商に対する優遇措置としての意味をもち，したがって，センター利用茶商と非利用茶商との分化を促進する役割を果たしている。

センターが本来果たすべき機能として最も重要なものは価格形成機能，いいかえると需給の量的質的整合機能である。価格形成機能は総体的価格形成機能と個別的価格形成機能とにわけることができる。

まず，総体的価格形成機能については，必ずしも十分とはいえない。それは，第1に，地域で生産される茶の40％程度しか集まらないこと，第2には，茶仕入が一部少数者へ集中してきており，第3には，茶商にとってもセンターは茶仕入先の1つにすぎないからである。

では，個別的価格形成機能についてはどうであろうか。センターでは，最盛期には1日に600点もの茶の取引をおこなっており，十分な品質評価はきわめて困難だという。その結果，品質別の価格差は相対的に小さなものとなり，また，品質評価の基準として味・香よりも形状要因が重視される。

この点は，センターが緑茶の本来もつ素材的・使用価値的特質を「合理的」流通にとっての阻害要因として軽視，あるいは解消する方向で，大量流通を実現していることを意味するといえよう。

それでは，センター設置が県内茶商に及ぼした影響はいかなるものであろうか。

それは，第1に，資金力さえあれば大量の荒茶を容易に仕入れることが可能となったこと，また第2には，県内茶商が茶仕入について相互に激しい競争関係に立たされたことである。具体的には，産地問屋，消費地問屋，さらには小売商をもふくめて同一の資格をもって販売会で入札することにより，以前卸機能を担うことにより保証されていた卸段階のマージンが否定される可能性が出てくる。小売商が手に入れたい茶を優先的に仕入れるためには小売の計算で入札することは十分考えられ，現にそういった声が他の茶商から出されている。それへの対応として産地問屋・消費地問屋は茶取扱量の増大とその販路の確保を迫られている。したがって，茶流通センターの設置は，県内茶商間の茶仕入をめぐる競争を激化させながら，県内茶商の「合理化」を促進し，大量流通条件の整備をすすめる役割をもったということができる。

8)　正式名称は，福岡県茶生産組合連合会である。生産者を会員とする任意団体であり，主要事業は新改植の推進，栽培技術の改善および製茶技術の改善等，技術指導の強化である。

9) 購販連との間に指定茶商がとり結ぶ契約事項の主な内容は以下の通りである。①商品売買方法（入札と相対），②取引手数料率，③手形の利息，期限，④保管について，⑤茶商の債務について期限の利益を喪失されうる場合の条件，等。

第4節　茶産地市場の展開と産地商業資本

(1)　産地茶商の対応形態――事例分析――

茶流通センター設置により大量流通条件の整備がすすめられたなかで，県内茶商は具体的にいかなる対応をとっているのであろうか。

現在，県内茶商[10]の茶販売金額別の内訳は大まかには約8億円が1名，1～5億円が15名，1億円以下の主として2～3千万円が2百数十名といわれる。茶販売金額1億円以上の茶商はほとんどセンター仕入をおこなっている。他方，茶販売金額2～3千万円の茶商はその大半がセンター入札資格をもたない小売型である。

ここで，大手茶商を中心に代表的事例をとりあげ検討しよう（表3-13)。

A商店は，古くからの産地問屋であり，営業開始は明治期初頭という。最近，ここ10年の間に茶販売金額を約5倍と大きく伸ばしてきている。仕入状況についてみると，1969年当時はほぼ全量県内（八女地区内）仕入であり，仕入先主体別には生産者と農協が半々であった。それが，79年における県内仕入の主体別内訳は，生産者から3割，農協から2割，そしてセンターから5割となっており，センター仕入への依存度がきわめて高い。また，鹿児島等他県からの仕入もみられるようになってきている。他方，出荷・販売先については，69年から79年にかけて県内仕向が減少し，県外仕向が大幅に増えている。現在，県内茶商で玉露の販売力をもっているのは7店程度にすぎず，A商店はそのような数少ない八女玉露商品化の担い手なのである。とはいえ，同時に量販店卸・小売支店の開設等もおこなっており，その販売対応はきわめて多元的である。このように，A商店は多元的市場対応をすすめることにより，茶売上高を大きく伸ばしてきたのである。

他方，F商店は黒木町に立地する古くからの産地問屋である。茶仕入は以前から全量生産者直接仕入であり，センター仕入はおこなっていない。また，販売先についても県内卸が6割，自店小売が4割とここ10年来変化がない。茶取扱金額は横ばいであり，経営規模は実質的縮小である。

つづいて，消費地立地の茶商についてみてみよう。

B商店は，戦前からの福岡市内の消費地問屋である。販売先をみると，自店販売を減らし小売店等への卸を増やしている。また，県外の小売店卸にもとりくみ，現在，総販売量の2割を占めるまでになっている。ここ10年間に茶販売金額は約3倍に伸びている。茶仕入先について69年から79年にかけての変化をみると，基本的には生産者・農協仕入を70%から5%へと大幅に減らし，かわってセンター仕入を65%と大きく増やしている。また，県外仕入の大半は西九州茶流通センター(佐賀県嬉野)[11]からである。したがって，B商店の場合，茶仕入のかなりの部分をセンターに依存しながら，A商店同様に販路の多元化をはかっている。

さて，C商店は，戦後の新興茶商であり，その販売対応から典型的なスー

表3-13　福岡県内の代表的茶商の経営内容（1969，79年）

茶商	立地	(年) 営業開始	取扱金額(億円) 69年	79年	仕入先(%) 69年 県内 生産者	農協	問屋	県外	79年 県内 生産者	農協	センター	県外
A	八女市	明治 4	1.0	5.5	50	50	—	—	30	20	50	—
B	福岡市	昭和 3	0.7	2.0	20	50	—	30	5	—	65	30
C	福岡市	昭和 24	0.2	3.0	—	—	100	—	10	—	30	60
D	福岡市	大正 12	2.0	2.0	(40)…		—	60		…(40)…		60
E	黒木町	昭和 30	0.5	0.9	80	20	—	—	30	—	70	—
F	黒木町	明治以前	0.3	0.3	100	—	—	—	100	—	—	—
G	八女市	明治以前	…	…	90	—	10	—	90	—	10	—

資料：聞取り調査による。
注：(1)　従業員数は家族従業者もふくむ。

パー卸型といえる。1949年に茶取扱を始め，当初は問屋から仕上茶を仕入れ食料品店等へ卸していた。その後，62年にスーパー卸を始め，68年には福岡市内のスーパーと本格的な取引を開始し，茶取扱を拡大してきた。年間茶取扱金額は69年から79年にかけて15倍もの急激な伸びを示している。小売段階におけるスーパー資本の展開と歩調をあわせるかたちでC商店は卸機能を強めてきたのである。

しかしながら，販路をスーパー等量販店に依存するかぎり，納品価格等について量販店側の要求に応じざるをえない。そのような厳しい販売条件の下での対応として，72年に小型再製仕上機を，さらに74年には大型機を導入している。このことは，それまでのように2次問屋ないし3次問屋としての機能を担うのみならず，1次問屋を排除すると同時に商品の付加価値を高めようという意味をもつものであった。

それでは，C商店のこのような対応を可能とした背景は何であったのか。それは，大型再製仕上機の導入が74年であることからも明らかなように，同年の茶流通センター整備である。C商店がセンターでの入札資格を得ること

販売先(%)						仕上設備	保管冷蔵庫	従業員数	借入依存度(%)	
69年			79年							
県内		県外	県内		県外				69年	79年
小売	卸		小売	卸						
15	35	50	10	10	80	有	有	23	70	40
40	60	—	15	65	20	有	有	10	50	70
—	100	—	15	85	—	有	有	18	20	95
100	—	—	100	—	—	有	有	20	80	80
20	80	—	30	70	—	有	有	3	50	60
40	60	—	40	60	—	有	無	2	20	20
…	…	—	35	65	—	有	無	3	…	…

(2)　Dの（　）の数字は，県内仕入の合計を示す。

により，直接産地から大量の荒茶を集荷することが可能となったことである。茶仕入は69年にはすべて問屋仕入であったものが，79年には問屋仕入はわずか3割に低下している。他方，センター仕入は八女・西九州あわせて7割となっている。茶流通センターの開設がC商店の産地における荒茶仕入の拡大にとって最も重要な意味をもったのである。また，つけ加えると，借入金依存度がきわめて高いのであり，この形態の近代的性格を示している。

一方，福岡市に立地するD商店は，自店小売がほとんどを占める大手の小売専門型の消費地茶商である。支店を4軒ほど有する。仕入については，以前から県外仕入が6割で県内仕入が4割である。茶販売金額は近年横ばい傾向を示している。茶小売段階へのスーパー等量販店の進出により，茶小売をめぐっての両者の競合が激しいことがその大きな要因と考えられる。

(2) 大量流通条件下での産地商業資本の対応方向

以上みたように，茶流通センター整備により域内流通における「産地問屋――消費地問屋――小売店」という流通・市場体系の経済的根拠は完全に失われ，茶商相互の競争的な構造が形成された。そのような条件の下で個々の茶商は自己の経営存続のために主体的な市場対応をとっている。

従来の産地問屋は，以前のような県内卸中心から県外卸へとその比重を移しつつ，スーパー卸もおこなうといったように販路を多元化することにより，茶取扱および経営の拡大をはかっている。

従来の消費地問屋の場合も，産地問屋と同様に県外卸をすすめるといった多元的販売対応がみられるが，そこでより特徴的なのはスーパー等量販店卸の展開である。

このように，産地商業資本の対応は県外市場の開拓による多元的販売対応，あるいはスーパー卸などの量販店と結びつく方向を基本的流れとしている。そのような産地商業資本による販売対応は，福岡県が玉露主産県であり，また他面では地方一大消費県であるという与えられた市場条件に適応したものであるという点で合理的なものである。

しかしながら，おのおのの販売対応は次のような問題点ないし限界をもつといわねばならない。県外卸については，とりわけ玉露の場合，京都府の集散地問屋卸が多く，必ずしも自立的な販売対応ではないという点である。この点については，今後，産地茶商による仕上茶さらにはパック茶販売がどの程度展開しうるかにかかわる。他方，量販店卸については，納品価格をめぐってスーパー側の一方的な価格設定，あるいはスーパーの仕入・販売戦略との関連で包装，商品種類等に制限が加えられることなどから，今後とも茶商側にとって有利な販路とはいえない。現に，スーパー卸はセンターでの荒茶仕入に際して一般小売店卸の仕入価格より1割程度安く仕入れなければ採算がとれないという。

戦後，とりわけ高度経済成長期以降の茶産地市場再編の現段階的形態を「茶流通センター――スーパー卸型茶商――スーパー」という流通・市場体系にみるとすれば，その本質はスーパー等量販店資本を中心とする大量流通という方向での流通・市場再編であるといえる。そこでの基本問題は，大量流通の弊害として，緑茶の商品特性を無視したかたちで規格・標準化がなされ，また味よりも形状のよい茶のみが優先的に流通にのるという点である。そこでは，生産者側からみると上質茶生産のための投下労働が十分に評価されない。それゆえ，流通・市場は生産を品質向上へとむかわせるメカニズムをもたないのである。

最後に，茶仕入の面から次の点を指摘しておこう。それは，総じて，県内茶商の県内茶仕入割合の低さである。たしかに，県内茶商のうち消費地茶商について県外茶仕入は県内緑茶の供給不足という需給条件に規定されたものであり，合理的根拠をもつ。しかし，産地茶商であるかぎり，それは，きわめて重要な問題をはらんでいる。なぜなら，県内仕入の割合を減らし県外仕入の割合を増やすことは，産地茶商が産地の茶を商品化する主体としての機能を弱めつつあることにほかならないからである。

以上みたように，産地茶商は，一方での玉露主産県という供給条件を背景に販売面では積極的な販売対応を展開しつつも，他方，地方大消費県という需要条件を背景に仕入面で県内茶仕入の割合を低下させてきているのであり，産地の茶の商品化を担当する実質的な産地商業資本としての性格を弱めながら，いわばたんに産地に立地する商業資本として産地と分離した自立的展開をみせつつある。したがって，地域における生産と流通の結合性はかなり弱まりつつあり，八女茶生産の発展にとっての桎梏となることはいうまでもない。

(3) 茶産地市場の展開と産地商業資本

戦後における茶産地市場の展開とそこでの産地商人の変質過程について，福岡県八女茶をとりあげて明らかにしえたことは次のように要約できる。

① 従来から商人流通を大宗とした茶流通は，いわゆる前期的性格をもつものであった。それは，とくに仲買と農家との取引において代金回収の不能といった問題としてあらわれていた。そのような状況のなかで，1950年代以降山間地を中心に農協共販が展開し，60年代末には約3割の茶が共販にのるようになる。農協共販の意義は，仲買にかわって集荷機能を担いながら，とくに金融機能を果たすことにより農家への代金決済を早期化・確実化した点にあった。当時の共販率が3割程度とはいえ，産地集荷をめぐる競争的条件の成立によって商人による前期的取引は大幅に制限されるにいたる。しかしながら，農協共販の限界として，農協は一般には集荷，金融機能を担うにとどまり，その他の需給調整に結びつく商品化機能までをも担当しえなかった。それらの機能は基本的に茶商に依存したままであり，その結果，農家・農協と茶商との結びつきは依然として強いものであった。

② その後，1974年には購販連により茶流通センターが設置され，県産茶を一元集荷する体制ができる。その機能と意義は，基本的に農協共販と同様であり，農家への代金決済をより一層早期化・確実化するものであった。し

かし，ここでも，その限界としてセンター自らが需給調整機能を担いえないのみならず，大量流通を可能にする反面，品質評価＝個別的価格形成機能は不十分とならざるをえないという問題点をもったのである。したがって，センターはたしかに一方で産地における建値市場として一定の意味をもちながらも，なによりも大量取扱を志向する大手茶商にとっての合理的集荷基盤としての役割を担った。

③　このように，共販・茶流通センター整備の過程は集荷，金融機能を果たすことにより，産地集分荷ならびに価格形成の「合理化」をすすめるものだったのであり，よってそれ自体として八女茶商品化の積極的役割を担うものではなかった。それらの機能は主に産地茶商により担われたのであるが，福岡県の場合，消費地市場的条件が強いことから，産地茶商の積極面を十分明らかにしえなかった。その点は次章の課題である。

10）ここでいう県内茶商とは，福岡県茶商工業協同組合の組合員のことである（1971年で265名）。
11）西九州茶流通センターは，1973年に佐賀，長崎両県の経済連により設置されている。ここでは，入札資格をもつ指定茶商として一部他県の茶商を認めている。

第4章

共販体制下における産地商人の存立条件と対応形態

――鹿児島茶を事例として――

第1節　鹿児島茶生産・流通の特質

(1)　鹿児島県農業の展開と茶生産

鹿児島県農業は，以前，梶井功氏らによって限界地農業として規定された。その第1点は，自然条件の劣悪性といった自然的豊度の低さであり，第2点は，市場からの遠隔性といった位置的豊度の低さである[1)]。現在は，さておくとして，明治期以降の鹿児島県農業の歴史が，このような限界地的条件に強く性格づけられたものであったことにはほぼ異論はないであろう。

それは，大まかにいえば，明治期当初，かなりの特産物を有した鹿児島県農業が，日本の資本主義の発展，商品経済化の全国的深化・拡大という条件のなかで，大正・昭和期にかけて相対的にはむしろ後退していったことにみることができる。戦後，急速な商品経済化をみせ自給農業から商品生産農業へと移行したのであるが，その際も，主に甘藷を中心とする低収益作物に商品生産の基軸を求めねばならなかった[2)]。畑地帯における主要作物が，甘藷，なたね，陸稲から飼料作物，野菜，果樹，そして茶にとってかわられるのは1965年以降のことである。

表4－1　集団園・散在園（専用園・兼用園）割合の推移（静岡県，福岡県，鹿児島県；1905，35，54，65，75年）

（単位：ha，％）

	1905		1935		1954		1965		1975	
	集団	散在	集団	散在	集団	散在	専用	兼用	専用	兼用
静岡	11,184 (87.7	1,570 12.3)	13,989 (92.4	1,154 7.6)	16,760 (98.3	298 1.7)	17,300 (87.2	2,550 12.8)	19,400 (91.7	1,760 8.3)
福岡	1,001 (64.2	615 35.8)	660 (55.1	537 44.9)	466 (74.6	159 25.4)	766 (79.1	203 20.9)	1,330 (86.2	213 13.8)
鹿児島	550 (31.2	1,214 68.8)	1,143 (36.6	1,982 63.4)	1,081 (46.2	1,260 53.8)	2,220 (50.3	2,190 49.7)	5,900 (82.4	1,260 17.6)

資料：農林水産省『茶業累年統計表』1969，同『茶統計年報』1972。
注：茶園区分が，1954年までは「耕地で集団的に栽培されるもの」「散在的およびけいはん等に栽培されるもの」であったが，1955年からは「専用園」「兼用園」となる。

明治期からの鹿児島県農業の展開はほぼ以上のようであり，長期にわたって自給基調的ないし低次な商品生産農業にとどまっていたのである。このことは，茶生産についても同様である。

表4－1に示すように，1905年の集団茶園率は静岡県87.7％，福岡県64.2％，鹿児島県31.2％となっている。この数字はまさに当時の3県における商業的農業としての茶生産の発展段階差を示しているのであり，とりわけ鹿児島県におけるその低位性・自給性は疑うべくもない。この格差構造が完全に解消されるのは，65年以降のことである。鹿児島茶生産は全体として新産地的性格をもつと考えられる。

(2)　鹿児島茶生産・流通の特質

1965年以降の鹿児島県における茶生産の伸長は著しい。65年から80年にかけて荒茶生産量は，3.6倍もの伸びを示している。生産量の増加は，茶栽培面積の伸びにもよるが，あわせて，10a当たり収量の増加にも大きくよっている。農家の茶作付意欲が強かったと同時に，生産力の高まりも著しかったのである。

1980年現在，鹿児島県における茶生産は茶栽培面積7,390ha，荒茶生産量

表4－2　鹿児島県茶種別生産量割合（1980年）

（単位：t，％）

	玉　露	かぶせ茶	普通煎茶	玉緑茶	番　茶	総　計
実　績	—	905	10,648	618	1,385	13,556
シェア	—	6.7	78.5	4.6	10.2	100.0

資料：鹿児島県『茶業振興対策資料（昭和56年度）』1981。

13,600 t をほこり，静岡県に次ぐ茶主産県である。主要産地は川辺郡，指宿郡，曽於郡，姶良郡であるが，茶生産はほぼ県下全域に広がりをみせる。茶種別には(表4－2)，普通煎茶が総生産量の75.5％を占め，番茶もふくめると90％近くに達する。他方，高級茶である玉露はみられず，かぶせ茶がわずか6.7％を占めるにすぎない。

ここで，鹿児島茶生産の新産地的性格として指摘できるのは，平坦地茶園割合の高さである。たとえば，静岡県の場合，県内茶栽培面積のうち平坦地の占める割合は約2割にとどまるのに対し，鹿児島県では平坦地茶園が6割以上を占める。

平坦地茶業は，一般に作業能率が高く機械導入が容易であることから，省力化による生産費節減の可能性が大きい。とくに，鹿児島県においては一部の地区で生産組織を核に集団茶園での乗用型作業機利用の大規模機械化栽培方式の導入と大型の共同加工場の整備がすすめられている[3)]。このような平坦地を中心とした機械化栽培の展開により，鹿児島茶生産は他産地と比較して生産費節減の可能性がきわめて大きく，生産面で有利な条件を備えているのである。

したがって，この点からいえば，茶という作目選択の過程で，以前指摘された鹿児島県農業の自然的豊度の劣悪性は今日ではすでにあてはまらないのであり，茶生産については優等地的条件をもつにいたっている。

それでは，位置的豊度についてはどうであろうか。鹿児島県の場合，地域内に大きな消費地市場をもたず，また，大消費地圏から遠隔地に位置するということは基本的にはかわっていない。そこでは，先に述べた生産拡大にともなって，産地流通の合理化とあわせて域外出荷への対応が流通上の重要な課題であったということができる。

1) ここでいう限界地とは厳密な意味での限界地概念ではない。｢いうまでもなく限界地という概念は，農産物価格論の領域に属する概念であって，農産物価格形成において規制的役割をはたす豊度の土地である。したがって限界地は，もともとア・プリオリに決定されるものではなく，市場価格との関連において事後的に決定されるものであり，特定地域を限界地とすることはもとより妥当ではない。しかし，……自然的豊度の低さ，……位置的豊度の低さによって，しばしば限界地となるような地域があるとしたら，その地域の農業を限界地農業として自然的，位置的豊度の低いところに立地している農業であることを意味づけることによって，商業的農業展開条件のきびしさをしめすことができよう。」（梶井功「鹿児島県農業論」梶井編『限界地農業の展開』御茶の水書房，1971，p. 41)。

2) 前掲書，pp. 12-33，を参照。

3) 岡村克郎「茶の大規模機械化栽培」工藤壽郎編『南九州農業の新展開』農業信用保険協会，1980，pp. 201-223。

第2節　共販体制＝茶市場整備と茶流通の現状

(1)　戦後茶流通の展開と茶市場整備

戦後の鹿児島県における茶流通は静岡県のそれとくらべた場合，比較的単純化されており，「荒茶工場――産地仲買――産地茶商・県経済連――消費地問屋・県内小売店」というルートが一般的であった。1965年以降，茶価格の高値傾向，荒茶工場の大型化，ならびに農協合併による資金力の強化を背景として，農協の産地集荷・斡旋販売へのとりくみがみられ，そのような農協共販の展開とともに産地仲買の活動する領域は徐々にせばめられていくのである。

産地流通の合理化は，一方でこのように農協サイドからすすめられたのであるが，注目すべき点は茶商サイドの動きである。商人の協同組合組織である鹿児島県茶商工業協同組合（以下，茶商協と略記）が1952年に設立され，事業活動として茶冷蔵庫を設置，64年からは茶市場をもうけ茶の定期的入札販売制度が導入される。この茶商協による茶市場設置により茶の定期的な取引の場ができ，かつ入札制度により競争的な取引が可能となったのである。それは量的にみても経済連取引に比肩するものであった。69年度について取扱主体別荒茶流通量割合は，産地茶商扱い41%，農協・経済連扱い26%，茶市場扱い25%，その他８%となっている。したがって，鹿児島茶産地流通の合理化・近代化は，農協・経済連サイドからのみならず，茶商サイド，とりわけ茶商協によっても積極的にすすめられたということができる。

しかしながら，当時の急激な茶生産の伸長に対し，いまだ産地集出荷体制整備が立ち遅れているという認識から，次のような課題がクローズアップされた。

① 鹿児島茶の銘柄（Brand）の確立。

② 荒茶の再製仕上加工，保管，ならびに取引施設の整備・拡充。

③ 現在（1970年当時）の茶市場は茶商協設置のものであり，市場開設ならびに運営に生産者団体が加わっていない＝経済連ルートと茶商協ルートの一元化の必要性。

1970年，県茶振興大会において「本県産茶の銘柄確立と販路拡大をはかるため，県を一円とする公益性の高い茶市場が必要」とのことが決議事項とされ，72年鹿児島県茶市場の開設となる。

(2) 茶市場の機構と茶流通の現状

鹿児島県における茶共販体制のしくみ，とくに県茶市場の業務内容は次のようである。図４-１に示す通り茶市場の茶販売斡旋事業は県内取引(図中ａ)と県外取引（図中ｂ）との２つからなっている。

県内取引についていえば，出荷者は荒茶工場・農協であり，経済連が市場における荷受となり県内指定茶商に対し卸売販売をおこなうことをその内容とする。茶商が市場において買受人となるためには，茶商協組合員であるこ

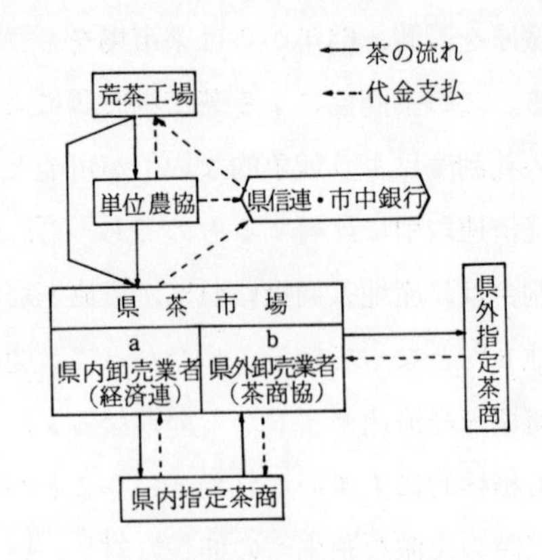

図４－１ 鹿児島県茶共販のしくみ
（1980年，現在）
資料：茶市場資料より。

と，さらに経営内容・資金力信用度の審査をへて茶市場から承認されることを必要とし，また，保証金の預託を義務づけられる。実際の取引に際しては，手形取引限定額が定められ，代金決済についても期限等の制限が加えられる。したがって，県内指定茶商である産地茶商は，市場取引において排他的権利を得ると同時に市場取引そのものにかかわって(とくに代金決済，歩引等の取引習慣について)一定の制限を受けているのである。ここに，農家と商人との直接取引にみられた前期的形態を規制するという茶市場制度の1つの重要な意義がある[4]。

以上述べたような点は，各主産県における茶市場・茶流通センターでも基本的に同様であり，ここで茶共販の一般的特質としてまとめると次のようにいうことができよう。

第1に，茶流通をめぐる基本問題が代金決済の遅れ，買取価格のごまかしといった茶商による農家との前期的取引に求められたことから，茶市場制度はそのような茶商の前期的取引活動を制限する内容をもつものであったという点。

第2に，茶市場制度においては，農協・経済連は産地集荷・仲継段階を担うものとして位置づけられ，出荷販売については産地茶商が担うものとされている点である。このことは，青果物等において，農協共販が集荷から出荷販売機能まで担い集散地・消費地市場仕向の市場対応をおこなっているのと対照的である。このような茶共販にみられる集出荷にかかわる機能上の分化は，既存の産地茶商の権益を認めざるをえなかったことにもよっているが，実質的には，茶販売が茶の商品特性に規定された販売の技術的操作を必要とし危険負担が大きいといった事情によると考えられる[5]。したがって，茶共販は，結果的には，出荷販売段階を個々の産地茶商のマーケティング機能に依存したシステムとなっているということができる。

そのような出荷販売段階について，茶商の個別的対応によるのではなく，産地茶商の協同のもとにおこなうというのが茶市場の県外取引である。これ

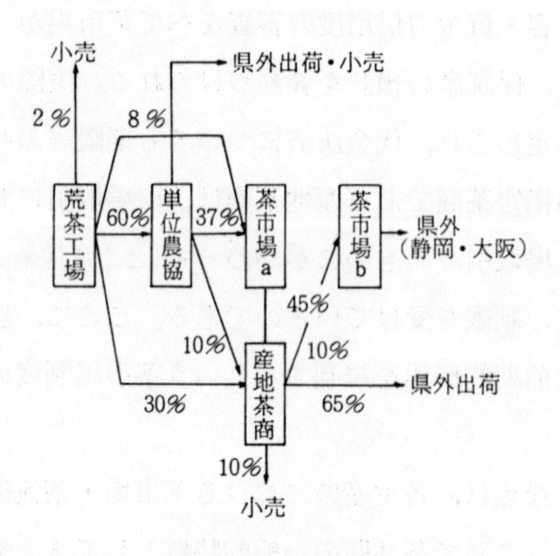

図 4－2　鹿児島茶流通の現状（1980年度）

資料：鹿児島銀行『調査月報』20号。

は，鹿児島県の遠隔地市場条件に対応した独自のシステムである。出荷者は県内指定茶商であり，茶商協が荷受となり県外指定茶商に対し斡旋販売をおこなう。現在，県外市場は静岡・大阪に設置されており，その目的は集散地・大消費地問屋に対しての銘柄確立とそこでの販路開拓にあった。

鹿児島県茶共販体制は，以上のように産地集荷における農協共販，県外出荷販売における商系共販といった機能分化を前提とし，主産地化に対応した産地流通の近代化と一元化，および県外市場の開拓を意図したものであったのである。

では，このような共販体制下において鹿児島茶流通の現状はどのようであるのか。図 4－2 にみる通りである。産地流通についていえば，茶市場が県内生産量の45％をカバーし産地流通の要として機能している。しかし，他方で，県内生産量の40％が茶市場を回避し直接（一部農協を経て）産地茶商によって集荷されている。したがって，産地流通は，茶市場設置の当初の意図にもかかわらず，市場流通と商人流通との併存構造であり，産地流通の一元化とは程遠い状態である。

県外出荷については，県外市場利用率は13％と低く，そのほとんどが産地茶商の個別的な販売対応によっている。

4)　増田佳昭「緑茶流通における産地市場の展開と農協共販」関西農業経済学会『農林業問題研究』第16巻第1号，1980，pp. 13-15。

5)　りんご移出商の場合にも，共通した事情が存在する。三国英実「青果物市場の展開と産地商人資本」北海道大学『農経論叢』第24集，1968，pp. 107-109を参照。

第3節　商人出荷を志向する産地側の要因

(1)　産地出荷対応のあり方と市場の集分荷機能

産地流通において商人集荷のシェアが高いことはいかなる事情によるものであろうか。このことは，いうまでもなく商人流通と市場流通との併存構造の下ではなぜ市場流通のシェアは低いのか，なぜ産地出荷者は茶市場出荷を回避するのかという問題の裏表である。したがって，ここでは，先の課題に対して産地出荷者側からみた場合の商人流通と比較して市場流通がかかえる問題点，すなわち，茶市場の果たす機能の限界性という側面から検討する。

茶市場のもつ機能は基本的には合理的な集分荷と公正な価格形成の2つである。

はじめに，茶市場の果たす集分荷機能の点について検討しよう。

表4－3は県内主要産地における茶市場出荷状況を示している。県内のすべての地域で茶市場出荷はおこなわれている。しかし，同時に，その地域内生産量に対する茶市場出荷割合についてみれば，かなり地域的なばらつきが存在する。このことは，あらゆる地域にとって茶市場は出荷先の1つとして一定の意味をもちつつも，その意味は地域によって大きくもあり小さくもあるということを示している。

このような多様な出荷対応のあり方は個々の地域的事情によっていると考えられるが，ここで表4－3を通して産地出荷対応の地域性として指摘できるのは次の2点である。

第1には，一般に市場出荷率は新産地では高いが旧産地では低いという点である。旧産地である薩摩半島・薩摩地区の産地と新産地である大隅半島・姶良地区の産地とを比較するならば，おおむね前者の産地の市場出荷率は後

表4－3　鹿児島県内主要産地別茶市場出荷率（1980年度）

（単位：t，%）

地区	市町村名	荒茶生産量	市場出荷量	市場出荷率	地帯区分
薩摩半島地区（川辺・指宿・日置）	頴娃町	2,406	520	22	平坦・山間
	知覧町	2,386	11	0	平坦・山間
	枕崎市	726	233	32	早場・平坦
	松元町	665	288	43	平坦
	川辺町	660	202	31	平坦
	伊集院町	657	249	38	平坦
	加世田町	391	277	71	平坦
	東市来町	179	174	97	平坦
	大浦町	140	117	84	早場
	金峰町	124	88	71	平坦
薩摩地区	宮之城町	295	193	65	山間
	樋脇町	135	68	50	山間
	入来町	71	16	23	山間
姶良地区	溝辺町	491	344	70	平坦
	牧園町	301	114	38	山間
	栗野町	184	117	64	山間
	横川町	80	53	66	平坦
	国分町	68	68	100	平坦
	隼人町	(58)	65	100	平坦
大隅半島地区（曽於・肝属）	有明町	740	386	52	平坦
	財部町	370	157	42	山間
	鹿屋市	302	16	5	平坦・早場
	末吉町	242	148	61	平坦
	田代町	210	171	81	山間
	志布志町	200	146	73	平坦・早場
	大隅町	141	57	40	平坦
	松山町	121	89	74	平坦
	大崎町	114	55	48	平坦

資料：荒茶生産量については『鹿児島県農林水産年報』，市場出荷量は茶市場資料におのおのよった。

注：県内地区のうち荒茶生産量200 t 以上の地区を抽出し，荒茶生産量50 t 以上の市町村について記載。なお，（　）は荒茶生産量が市場出荷量よりも少ない場合に付した。

者の産地のそれより低い。旧産地においては産地商人とのつながりが新産地にくらべ強いと考えられる。すなわち，地区別の市場出荷率を大枠として規定する要因の1つとして商人とのつながりといった歴史的条件をあげることができる[6]。

しかしながら，今日一般に商業的農業の発展は主産地形成のかたちをとり，農業は小商品生産のままで商品生産としての性格を強めていく。そのなかで，小農は販売面についても自己の計算にもとづき主体的な販売対応をおこなっている[7]。そのような条件下で商人流通が存続している場合，それはたんに歴史的条件のみによってではなく，生産者サイドからみた経済的メリット・デメリットという点から説明されねばならない。

第2に，表4－3からよみとれるのは，各地区別には山間傾斜地帯（集約生産方式）における市場出荷率が畑作平坦地帯（機械化生産方式）におけるそれよりも低いということである。山間傾斜地帯では機械化生産方式の導入が困難であるため，茶園管理過程に寒冷紗被覆栽培方式を導入し労働集約的な高品質ないし品質差別的茶生産を志向している。平坦地帯における省力化，生

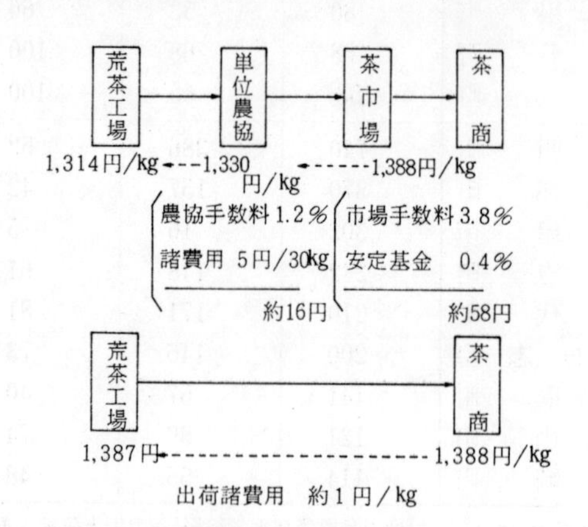

図4－3　出荷先別価格派生

資料：聞取り調査による。

注：茶商仕入価格については1980年度茶市場平均価格をとった。農協手数料等は知覧町農協の場合である。

産費節減を基本とした経営対応と異なった方向である。近年，かぶせ茶と普通煎茶との価格差は縮小してきているとの指摘もあるが，いまだかぶせ茶は普通煎茶よりも高価格で取引されている。それゆえ，山間傾斜地帯の茶は畑作平坦地帯の茶にくらべ高価格茶であると一般的にいうことができる。

では，なぜ高品質・高価格茶は茶市場を回避するのか。図4－3は，茶商が同じ茶を同一価格で市場取引と直接取引の2つのルートで仕入れたとする場合，農家手取価格（庭先価格）にいかなる影響をもたらすかを示している。茶商が仕入ルート別に価格差別化をおこなっていないとの条件がみたされるならば，農家にとって茶商への直接販売では手数料部分（市場ならびに農協手数料をふくむ)のとりこみが可能となり，図の場合には荒茶1kgあたり73円の価格メリットとなる。聞取りによれば茶商は農家直接仕入れの場合も市場価格水準で買い取っている。そこでの手数料部分とりこみの意味は，手数料が定額ではなく定率であることから高価格茶産地ほど大きい。したがって，一般に市場手数料は産地にとって相対的に高い出荷費負担なのであるが，とくに手数料負担の大小といった問題から，山間傾斜地帯では畑作平坦地帯と比較し市場出荷を回避し商人出荷する割合が高いのである。

それでは，ここで農家にとって価格メリットとして生じる手数料部分の問題を中心に市場流通のもつ経済的意味について整理してみよう。

第1に指摘できるのは，農家単位の個別銘柄を残したままでの大量化・共同販売は必ずしも流通費用，すなわち物的流通費と売買費用の節約にむすびつかないという点である。茶市場制度の眼目は大量化と一元販売ということであり，市場流通は既存の個々ばらばらないくつもの流通経路を1つの流通経路に一元化する。そのかぎりで，それまでの無秩序な取引が1つの機構の下に規制される。以前，例えば600の取引が場所的・時間的に分散していたものが，一定の場所・時間に集中されることになる（市場施設の制約から入札販売会での1回の上場数は600点が上限とされている)。しかしながら，流通する商品の規格化ないし標準化がすすんでいない場合には，取引は各商品ごとになされるのであり，取引数としてはかわらない。したがって，大量化によっても，大幅な流通費用の節約，あるいは流通時間の短縮は実現されがたいのである[8]。それどころか，近代的設備投資の一部分は手数料にくみこまれていかざるをえない。

結局のところ，現状の茶生産の零細性・個別性，そしてその結果である出荷単位の零細性・多様性を前提とするかぎり，流通の合理化は生産者にとって高い出荷費負担とならざるをえないのであり，とくに商人とのつながりをもった産地・出荷者にとって手数料は高いものとして意識されるのである。

第2には，手数料が定率であることが産地間あるいは農家階層間に対してもつ意味である[9]。1980年度について手数料の平均価額を求めるならば，荒茶平均価格1,388（円/kg）×手数料5.4%により75円/kgとなる。しかし，これはあくまでも平均であって，実際には，例えば3,000円/kgの荒茶では手数料が164円/kgであるのに対し，700円/kgの荒茶では38円/kgとなる。定率手数料は中下級茶生産地帯および農家には相対的に安い出荷費負担となるが，上級茶生産地帯および農家にとっては相対的に高い出荷費負担となるのである。

最後に，以上のような点を農家の性格との関連からまとめてみよう。

茶市場は，茶商とのつながりがなく，少ない生産量で生産物差別化をなしえない，いわゆる中下層農にとっては安定的出荷先として重要な意味をもっている。反面，以前から，茶商とのつながりがあり，かつ生産量が多く生産物差別化をなしうる上層農にとっては決して有利な出荷先とはいえないのである。

鹿児島県の場合，主産地化の進展はとくに畑作平坦地帯における省力管理機械化栽培方式の導入，ならびに大型共同荒茶工場の展開のなかにみいだすことができる。では，そのような農家の出荷対応はどのようであろうか。1980年度における共同加工場35戸の出荷先別出荷量割合についてみると，市場出荷率は34%であり，県平均の45%よりかなり低い数字を示している。それは，機械生産方式の技術水準向上の結果として高品質茶の生産が可能となったことが，生産者側にとって茶商との取引力を強め個別的販売対応をとりうる幅をおしひろげたからにほかならない。今日，機械化生産・共同加工方式の展開は今後の茶生産のあり方ともかかわって注目すべきものである。しかし，そのような生産の合理化の方向が共販・茶市場出荷へと結びついていない現実が指摘できるのである。したがって，今後の出荷対応の動向としても市場出荷の伸びる見通しは薄いのであって，それどころか主産地化の進展のなかで商人出荷が伸びる可能性さえ考えられる。

以上のように，市場流通は現在の生産のあり方を前提とするかぎり必ずしも合理的な集分荷機能を果たしているとはいえず，現状において商人流通が存立する条件の1つは市場手数料の大きさとその負担のアンバランスにみいだすことができたのである。

(2)　茶市場における価格形成と茶商の評価機能

ここでは，茶市場のもつもう1つの機能である価格形成機能についてみてみよう。市場卸売業者（県内取引においては経済連）は，荷受・卸売業務に専念する手数料商人である。卸売業者は，業務規定により出荷者ならびに買受人に対する差別的取扱を禁止されている。また，市場入荷のあり方は基本的に出荷者側の自主的判断によっているのであり，卸売業者が入荷調整をなしうる余地はほとんどない。

出荷者である農協あるいは農家による茶市場出荷のあり方は短期的には固定的であるといえる。出荷時期については，通常，荒茶製造が済み次第出荷される。それは，図4－4にみるように荒茶価格ははしりの時期ほど高値で日ごとに低下していくことによる。また，出荷量についても，商人との取引が多分に契約的なものであるため，市場における短期的価格変動に対応して仕向先の変更といったかたちでの出荷対応がなされる余地は少ない。さらに，茶市場出荷分について指値はほとんどみられないとのことである。以上のことから，卸売業者は価格形成には直接的な役割はもっておらず，出荷者側についても茶市場の価格形成にかんして受動的な立場にあるといえる。

茶市場における価格形成は，個々の茶商による品質評価ならびに入札価格設定に依存し，それらの競争的な関係のなかでなされる。すなわち，そこでの重要な役割は茶商側が担っている。指定茶商は1980年現在で36名であり，手形取引限度額以外の点については同一の資格で取引に参加する。図４－５に示すように近年茶商間の市場買受量に大きな格差があらわれてきており，上位７社で約７割のシェアを占めている。しかしながら，上位買受茶商のなかに経済連出資の「くみあい茶業K．K.」が入っており，いわゆる談合等の心配はなく，競争入札は維持されている。

それでは，そのような枠組のなかでなされる価格形成の実際はどのようであるか。茶期別にみると図４－６のようである。一番茶，二番茶，三番茶のおのおのについて日別の市場入荷量と市場価格の相関係数は0.8以上とかなり高いのであって，需給を反映した価格形成がなされている。また，価格水準については，限られた資料からではあるが，1980年度荒茶生産費は1,280円/kgであり（鹿児島県『茶業振興対策資料』より算出），同年度の茶市場価格1,388

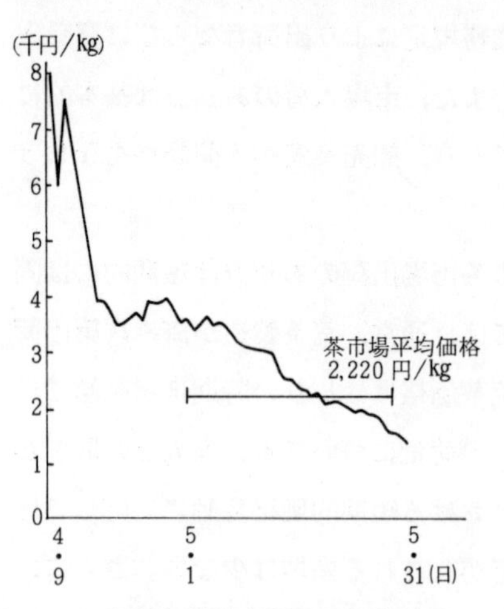

図４－４　鹿児島県茶市場日別価格変動（一番茶，1980年度）
資料：茶市場資料より。

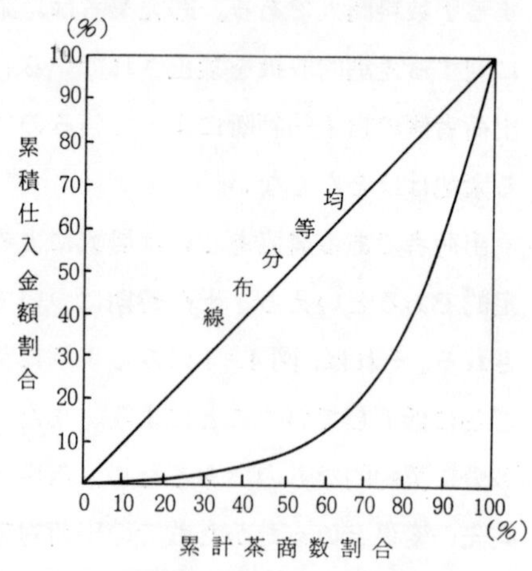

図４－５　茶市場指定茶商仕入金額割合（1980年度）
資料：茶市場資料より。

円/kgはそれを十分償っている[10)]。したがって，一般的には茶市場は需給を反映させながら，少なくとも茶農家のかなりの層の再生産を保証する価格形成機能を果たしているといってよいであろう。

ここで，以上のような機能を産地流通全体のなかに位置づけるならば，次のような点を指摘しておかねばならない。それは，他の流通経路との関連性という視点からみて，茶市場の価格が産地におけるリーディング・プライスとしての作用を果たしているという点である。前述のように商人が農家と直接取引をする場合も市場相場を無視した価格設定はできないようになっている。すなわち，茶市場の価格形成機能は，直接には市場流通分についていえるのであるが，間接的には産地流通全体の需給を反映する働きをもつのである。

さて，このようにして茶市場は産地価格形成機能を果たし，県内取引における建値市場としての意義を担っているのであるが，それは，あくまで「市場相場」といった平均的ないし総対的な意味においてである。すなわち，総体的価格形成機能についてのみいえることである。それでは，個々の取引にかかわる個別的価格形成機能についてはなんら問題はないのであろうか。表4－4は荒茶の品質査定と市場価格との関係を示している。評点で同一査定を

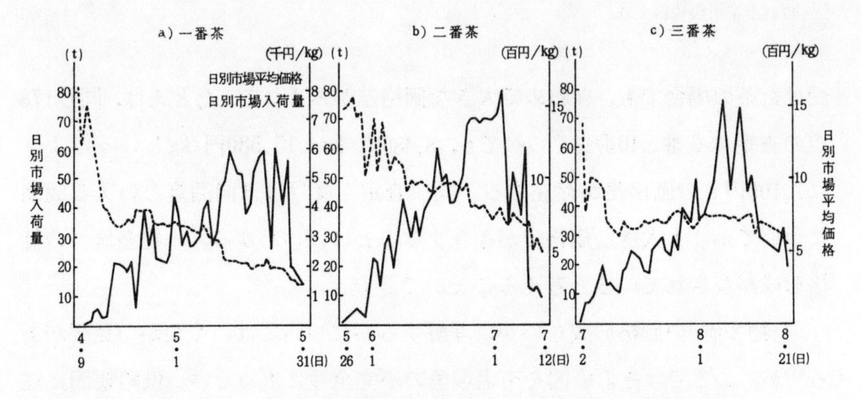

図4－6　日別市場入荷量と市場平均価格の変動（1980年度）
資料：茶市場資料より。

表 4 - 4 品質評価と入札価格（1980年度）

（単位：点，円/kg）

番　号	茶	評		点		入　札
	外観	香気	水色	味	計	価　格
1	29	64	25	63	181	9,130
2	29	60	26	66	181	7,700
3	27	62	27	64	180	8,296
4	26	64	26	63	179	8,899
5	27	63	26	63	179	9,100
6	27	66	24	61	178	8,480
7	28	61	26	63	178	8,580
8	29	58	26	65	178	8,899
9	29	59	26	64	178	12,661
10	30	63	27	58	178	15,580
11	26	62	27	62	177	8,299
12	28	59	25	65	177	9,550
13	29	61	25	62	177	7,730
14	29	62	26	60	177	8,870
15	25	63	25	63	176	9,267
16	26	65	25	60	176	6,910
17	27	57	27	65	176	9,000
18	28	55	30	63	176	7,770
19	29	62	24	61	176	8,910

資料：茶市場資料より。

受けた茶の場合でも，きわめて大きな価格差がみられる。たとえば，同じ178点の査定の6番と10番をくらべても，8,480円/kgと15,580円/kgといったように7,100円もの価格差が存在する。同一査定を受けほぼ同品質といえる商品についてかくも大きな価格差が存在することは，いわゆる「一物多価」の価格形成がなされていると考えることができる。

「一物多価」の価格形成をいかに理解するかについてはいくつかの見解がある[11)]が，ここではその原因を市場競争の不完全性に求めたい。供給要因に注目すれば，①農家個別ブランドの存在，②かぶせ茶などの製品ブランドの存在，③品質の特殊・多様性，といった生産物差別化要因を指摘することができる。しかしながら，先に述べたように市場価格設定においてイニシアチブをもつのはあくまで入札茶商なのである。その限りにおいて，「一物多価」の基本的契機は需要要因に，すなわち，茶商側需要の選好性にこそ求められねばならない。したがって，「一物多価」といった価格形成は生産物の差別化要因をその前提としながらも，茶商側における需要の選好性を基本的条件としているのであり，このことはまた，市場における価格形成そのものが個々の茶商の品質評価機能に大きく依存していることの結果にほかならないのである[12)]。

では，このような価格形成の特徴は出荷者にとっていかなる意味をもつのであろうか。茶市場は農家にとって委託しさえすれば買手を見いだしてくれるという点で最も容易な出荷先である。それは，茶市場が産地における大量需給会合の場として，一般的には価値実現の偶然性を減ずるものとして作用するからである。しかし，それは一般的にはそうであるとしても，需要の選好性を前提する場合にはあてはまらない。なぜなら，個々の出荷者は一定の価格水準以上での販売を期待しているにもかかわらず，市場出荷の場合には市場で自分の茶を相応の価格で評価する，いいかえれば自分の茶を選好する買い手を見いだしうる保証はないからである。商人出荷と比較し市場出荷の場合は販売の容易さとひきかえに，販売価格水準についての安心度はかなり低くならざるをえない。すなわち，市場出荷の場合，出荷者はたんに自らの生産物の価格決定に直接参加できないのみならず，さらに，そこでの実現価格の偶然性を甘受せざるをえないということなのである。

また，ここで市場が果たす価格機能の問題点としてつけ加えると，価格のもつパラメーター機能の不完全性といった点をあげることができる。それは，出荷者が入手しうる情報の量および質とかかわって問題となる。商人出荷の場合，「なぜそれだけの値がついたのか」といった品質評価をふくめた具体的な情報を得ることができるのに対し，市場出荷の場合はたんに「いくらで売れた」という価格と品質等に関する一般的情報しか入手できない。したがって，市場出荷の場合には，その後の生産ないし製品計画が立てにくいのである。

価格機能が経済合理性を実現するものとして作用するためには，商品が確定的な質をそなえ，かつ均質的であることを前提条件の1つとする[13]。とはいえ，農産物はそのような条件をみたしにくい商品である。そこでは，質的要因を価格という量的関係に還元するために格付けがおこなわれる[14]。ところが，茶の場合には品質の多様性を特質・特長とし，同時に格付けが困難な商品であるということができる。そのような商品が市場メカニズムのなかに包摂されるためには，価格以外の品質に関する具体的情報の伝達機能が重要な役割をもってくる。しかるに，情報流通という点で，市場は十分に機能していないのであって，他方，商人は質・量ともによりすぐれた機能を果たしているのである。

6) 片岡義晴氏は，鹿児島県財部町を対象に荒茶工場の出荷対応について考察している（同氏「鹿児島県財部町における荒茶工場の出荷動向」法政大学『地理学集報』第11号，1982，pp. 44-51)。財部町は，宮崎県都城市と隣接しており，都城市に茶市場があることから都城茶市場出荷がかなりみられる。
7) 川村琢『農産物の商品化構造』三笠書房，1960，p. 1。
8) 白柳夏男『流通過程の研究』西田書店，1975，pp. 102-108。同氏は，M・ホールの「取引総数最小化の原理(principle of minimum total transactions)」についてその前提条件に立ちかえって考察し，「取引総数最小化の効果は，一取引経路当り取引回数や商品種類数の増加によって相殺されてしまう可能性を含んでいる」と結論づけている。
9) 森宏『青果物流通の経済分析』東洋経済新報社，1962，pp.23-31。
10) 鹿児島県における1980年度の生葉の第2次生産費は，10kg当たり1,587円である。荒茶換算を2割として，荒茶1kgにつき生葉5kgを原料とするため，必要となる原料費は793.5円である。本県での荒茶生産費実態調査によれば，原料費は805.3円/kgとなっており，生葉生産費を上回っている。原料費805.3円/kgに，原料費を除く加工経費474.8円/kgを加えると，荒茶1kg当たり生産費は1,280円となる。

11)「一物多価」に関する主な見解は以下の通りである。

① 秋谷重男氏は，中央卸売市場における価格形成を「多物多価」と表現し，次のように述べている（氏のいう「多物多価」は「一物多価」と同じ意味内容である。しかし，一物一価という価格形成のあり方に対して，1つの物〔商品〕に分類されながら多様な価格が設定されるという価格形成の独自性，特殊性を意味する用語としては「一物多価」がより適切であろう)。

「日本人の生鮮食料品にたいして払う評価意識には特殊なものがある」。そこで,「他の国々であれば一物一価としてグルーピングされてしまう生鮮食料品が，日本では多物多価化してくるのである」。「これまで，生鮮食料品において同一種類間に大きな価格差があるという問題は，生産技術水準のまちまちな多数の小生産者が存在するからであると説明されてきた。これは，事態の半面をとらえた説明であって，他の国々であれば一物一価として取引されてしまう物品を，多物多価化してやまない，過敏なまでの評価意識があることを指摘しておきたい」(同氏『中央卸売市場』日本経済新聞社，1981，pp.194-197)。

このような秋谷氏の指摘に対しては，文化論にすぎるという廣吉勝治氏の批判がある（同氏「書評『中央卸売市場』」漁業経済学会『漁業経済研究』第27巻第1・2号，1982，p.76)。

② 竹中久二雄氏の見解は次のようである。大都市中央卸売市場における価格形成を「相場」の形成としてとらえ,「この相場は原理的には需要と供給によって決まるといっても，具体的には売り手と買い手の競争要因――売り手側の要因としての大型産地の出荷量，規格・等級別出荷量，産地ブランド，せりの順位など，買い手の側の要因としての産地の格付け，買い手の性格と規模など――によって規定され，複雑な取引メカニズムのもとで価格形成が行われている」。したがって,「青果物卸売市場においても，産地間競争による銘柄格差の形成，産地ブランドの重視，その他産地との顔のつながり度合などによって価格差＝差別価格が生じているのは，そこで市場競争の不完全さ，競争制限的要因が強く働いていることを雄弁に物語っている」。その場合,「この競争条件を規定し支配しているのは，生産者ではなくて卸売市場の流通資本である」(同氏「市場取引と価格形成をめぐる問題点」御園喜博・宮村光重編『これからの青果物流通』家の光協会，1981，pp.68-74)。

③ 白柳夏男氏は,「一物多価」の傾向について「商業価格」概念を用いて独自の説明を展開している。

一物多価の説明として,「普通には競争が不完全だからとか，製品差別化などの独占的要素が加味されるからだという事情が指摘されている。しかし，……流通過程で加えられる諸労働の特殊性に注目する必要がある……。……これらの費用を，どのように個々の取引，または各種商品の価格に割り掛けるかについて，売手にはある範囲内での自由がある。その結果，種々に分化した価値・価格を，私は商業価格と呼ぶ」（同氏『商品流通総論』中央経済社，1982，pp.39-40）。

ここで氏が，一物多価といった価格形成を商業資本の具体的な商業利潤取得形態，行動様式に関連させてとらえた点は示唆に富むが，その際，商業価格について流通過程で加えられる労働をもちだし，価値関係にまで結びつけることは同意できない。

12）竹中久二雄「農産物の市場価格分析」東京農業大学『農学集報』第2号，1979，pp.222-223。

13）中村達也『市場経済の理論』日本評論社，1978，pp.43-52。

14）森下二次也『現代商業経済論――序説＝商業資本の基礎理論――』有斐閣，1960，pp.229-232。

第4節　産地茶商の販売対応と存立形態

(1)　県外出荷の動向と茶商の販売対応

それでは，ここで県外出荷の推移をたどることによって，茶商の販売対応のあり方を明らかにしていこう。表4－5をみると，県外出荷量は1965年度から79年度にかけて2,512tから11,959tへと4.8倍の伸びを示している。県外

表4－5　県外出荷量の推移（1965，70，75―79年度）

（単位：t，％）

項目	1965	1970	1975	1976	1977	1978	1979
総出荷量	3,811	7,182	10,773	10,401	12,026	12,329	13,651
県内向	1,299	1,350	1,653	1,665	1,665	1,670	1,692
県外向	2,512	5,832	9,120	8,736	10,361	10,659	11,959
県外向割合	65.9	81.2	84.7	84.0	86.2	86.5	87.6

資料：茶市場資料より。

表4－6　県外出荷の出荷先別推移（1965，70，75―79年度）

（単位：t，％）

項目		1965	1970	1975	1976	1977	1978	1979
県外出荷量		2,512	5,832	9,120	8,736	10,361	10,659	11,959
	指数	100	232	363	348	413	424	476
出荷先別シェア	九州	53.0	25.0	18.2	19.5	16.6	16.8	17.1
	沖縄	2.9	0.2	0.1	0.2	0.4	0.6	0.5
	関西	11.6	37.6	31.8	31.4	31.3	31.0	30.0
	関東・東海	26.2	27.4	38.8	36.9	38.9	39.6	40.2
	中国・四国	6.3	9.5	10.5	11.5	12.1	11.3	11.4
	東北・北海道	―	0.2	0.6	0.6	0.7	0.6	0.8
	計	100.0	100.0	100.0	100.0	100.0	100.0	100.0

資料：茶市場資料より。
注：計が100とならないのはラウンドによる。

出荷割合としてみれば，65.9%から87.6%へと高まり，60年代から70年代にかけて移出県としての地位を確立している。

県外移出分について仕向地方別出荷割合の変化をみると(表4－6)，大きくは次の3点に要約できる。第1に，九州，沖縄といった既存の市場への出荷の伸び悩み傾向，第2に，関東・東海（主に静岡），関西（主に京都・大阪）といった集散地市場出荷の激増，第3に，中国，四国，さらに東北・北海道をもふくめた新市場の開拓である。

九州地方仕向の停滞は，1つには九州各県における茶主産地化の進展という事情にもよる。しかし，より基本的には総需要量自体限られた地方市場への出荷からよりキャパシティの大きい全国的市場出荷へとむかうという商業的農業の発展・主産地化の論理的帰結にほかならない。

1965年度県外出荷量のうち九州仕向が53.0%，関西，関東・東海仕向が37.8%であったものが，79年度には九州仕向17.0%，関西，関東・東海仕向70.2%とそのシェアは逆転している。県内生産量全体に対する割合でみても，その61.5%が全国的集散地市場へ出荷されている（数字は1979年度)。それゆえ，1965年以降の10年余りの間を通して，鹿児島茶の販路として静岡・京都・大阪を中心とする集散地市場の地位は最も重要なものとなったということができる。

では，このような全国的集散地市場における販路開拓は，いかにしておこなわれたのであろうか。

茶流通の特質として取引関係の固定性・閉鎖性を指摘できるが，それは，①農産物のなかでは重量単価が高い，②品質格差が大きく同時に品質間価格差が大きい，③にもかかわらず品質評価が容易ではない，といった茶の商品的性格のために，取引に際して人的つながり，とくに信用が大きな意味をもつからである。したがって，後発産地による販路開拓はそのような市場の閉鎖性ゆえに一朝一夕になしうるものではなく，とりわけ鹿児島県のように遠隔地市場条件下にある産地の場合，その困難は一層であったと理解できる。

そこで，かようなきびしい条件の克服にあたって大きな役割を担ったのが茶商協による県外共同販売であった。

具体的には，1967年に関西地方販路拡大のための基地として大阪に出張所を設置し，相対取引を始めている（72年以降は，鹿児島県茶市場の県外市場となる）。出荷については，10 t トラックによる共同輸送をおこなうことにより，輸送費負担の軽減を可能とした。すなわち，既存の大市場における販路開拓は，基本的には個別茶商の力というよりも，茶商協を柱とする共同の力によってその先鞭がつけられたのである。

しかしながら，他方で，ひとたび販路がひらけ，かつ茶商としての力量が増すにつれ共同販売から個別的販売への移行がみられる。表4－7に示すように，大阪共販での販売実績（金額）について，1978—80年度平均を67—69年度平均と比較するならば，約10年間におよそ1/5にまで低下している。現在の茶商別の県外共販利用率は表4－8のようであり，利用度の高い茶商で1割強，ほとんどの茶商は1割をはるかに下回っている。表4－8の数字は県外市場仕入額のみに対する県外市場販売額であり，また，後者は流通マージンをふくんでいるために，実際の利用率はさらに低いと考えられる。よって，現在の県外出荷は，一方で県外出販をテコとしながらも，そのほとんどは茶商の個別的・主体的販売対応によっているということができる。

最後に触れておかねばならない重要な点は，中国・四国，東北・北海道と

表4－7　大阪斡旋所共販実績（1967—69，78—80年度）

（単位：千円）

1967～69		1978～80	
1967	60,899	1978	40,557
1968	145,721	1979	38,761
1969	248,992	1980	26,269
平均	151,871	平均	35,195
指数	100.0	指数	23.0

資料：茶市場資料より。

表4－8　茶商別県外共販利用率（1980年度）

（単位：千円，％）

所得順位別茶商	県内市場仕入額ⓐ	県外共販販売額ⓑ	ⓑ/ⓐ×100
①	4,750,593	113,659	2.4
②	6,020,957	120,801	2.0
③	2,186,755	292,499	13.4
④	4,798,143	146,275	3.0
⑤	311,057	9,480	3.0
⑥	2,333,649	123,153	5.3
⑦	4,352,219	462,971	10.6

資料：茶市場資料より。

表4－9　県外出荷量及び荒茶率（1978年度）

（単位：t，％）

項　　　目	出　荷　量	出荷シェア	荒　茶　率
関東・東海	3,200	37	73
関　　　西	2,700	31	73
九　　　州	1,700	20	62
中国・四国	1,000	12	16
他	50	0	50
計	8,650	100	

資料：茶市場資料より。

いった新市場への出荷についてである。それらの市場仕向は，県外出荷量の12.2％（1979年度）と量的にはいまだに小さなウェイトを占めるにすぎないが，出荷の商品形態という点において他地域への出荷とは異なった性格を示している。表4－9にみるように，関東・東海，関西出荷分については荒茶出荷率が73％と高いのに対し，中国・四国，その他（主に東北・北海道）への出荷分では荒茶出荷率はおのおの16％，50％と低く，仕上茶での出荷がかなりの割合を占めていることがわかる。このことは，中国・四国等の新市場の開拓が流通ルートとして集散地市場を通らず直接消費地問屋と結びついたということにとどまらず，産地茶商自らが仕上加工過程を担うという生産的機能担当をともなうものだったのであり，したがって，産地側からの流通段階の短縮化と併行し産地段階での付加価値部分のとりこみという意義をもつものであったのである。

以上まとめるならば，現在の鹿児島県における産地茶商の販売対応のあり方は，一方で，全国的集散地市場における荒茶形態での販売量拡大を大宗としながら，同時に，地方消費地市場における仕上茶形態での販路開拓をもふくんでいるのであり，総体として，全国的市場への集中化と地方市場への分散化の同時併存であるといえる。

(2)　産地茶商の対応形態

ここまでは，産地茶商の販売対応について主に統計数字を利用することにより総体的に明らかにしてきたが，以下，産地茶商のなかから大手茶商5社をとりあげ事例分析をおこなうことにより，個別的視角からその対応形態について考察を加えよう。

表4-10にみるように，これらの茶商はここ10年間に茶販売金額を大幅に伸ばしている。鹿児島茶主産地化の過程は，同時にその商品化の担い手である県内産地茶商の発展過程であったことを物語っている。

茶商5社について仕上茶販売金額比率をメルクマールとして分類すると，D，Eは荒茶出荷型であり，A，B，Cは仕上茶出荷型である。この2つの

表4-10　県内指定茶商の経営状況（1970，80年）

（単位：千万円，kg/日，t，%）

項目	茶販売金額		仕上茶販売金額比率	再製加工能力	保管能力	県外共販利用率	支店数		自社ブランドの有無	商品数
	1980年	1970年					県内	県外		
A	300	—	45	4,000	400	20	0	1	○	10
B	280	100	70	6,000	500	9	5	2	○	10
C	180	25	70	2,000	500	10	2	1	○	19
D	180	15	25	2,000	300	35	0	1	○	20
E	250	10	2	2,000	—	…	—	—	×	…

資料：聞取り調査による。

類型は，おのおの仕向先の異なる集散地市場出荷型と消費地市場出荷型とにほぼ対応する。前者が以前からの古い形態であるのに対し，後者はここ10年間にあらわれてきた新しい形態の茶商である。

この新しい形態である仕上茶販売＝消費地出荷型の意義は，次のようであった。既存の集散地問屋を中心とした市場体系を基本とする茶流通のなかで，それに対抗し産地問屋自らが消費地直結体系をつくりだすことにより，１つには，いわゆる商業過程の段階排除を可能ならしめた点であり，いま１つは，仕上加工をおこなうことにより産地段階での付加価値を高めたという点である。その場合，そこでの消費地の受け皿確保については，消費地問屋・小売店と特約店契約を結ぶというかたちでおこなわれたのであるが，そのような消費地直結のための具体的条件は何であったか。それは，第１には，長期平均販売を安定的におこなうために保管機能を果たすことであり，第２に，消費地の多様な需要に対応するための品揃え機能を担当すること，そして第３には，当然ではあるが，仕上加工機能を担うことである。

以上の点を，再び表４-10を通して確認してみよう。仕上茶販売型の場合，荒茶販売型と比較して保管，仕上加工能力が高いのであり，それらの物的施設についてより大きな資本投下がなされている。また，輸送能力についても同様であり，とくにＢの場合はトラック10ｔ車２台，２ｔ車３台を所有している。品揃えの問題についていえば，Ｅ以外では10種類以上，とくにＣ，Ｄでは20種類ほどの商品分類をおこない，消費地の多様な需要に応じるとともに，商品名での注文・取引を可能にしている。自社ブランドをもたないのもＥのみである。さらに，仕上茶販売型の特徴として，支店網の整備がなされている点が指摘できる。これは，自らも直接小売販売にとりくむことにより，需要動向の把握，販売ルートの確保といった意味で仕上茶販売をより安定的なものとしている。

それでは，仕上茶販売といった対応をとる場合，産地集荷のあり方はいかなる特徴をもってくるのであろうか。ここで最も注目したいのは，仕上茶販

表4-11　系列農家数と買入価格水準

（単位：%，戸）

項目	仕上げ茶販売金額割合	系列農家数	農家買入価格水準
C	70	50	市場価格と同じ
B	70	40	ほぼ同一価格
A	45	20	一番茶のみ市場価格より1割高(他は同一価格)
D	25	10	市場価格より高く
E	2	…	市場価格より4分安

資料：表4-10に同じ。

売率と産地系列農家数との間にかなり強い相互関連性が認められる点である（表4-11)。仕上茶販売・消費地出荷といった対応は，先に述べた通り，それまで集散地問屋が担っていた品揃え，ならびに安定的分荷機能を産地問屋自らが果たすことを基本的要件とする。そのような機能を果たすために産地集荷対応のあり方は，いかにして一定量一定品質の茶を安定的に確保しうるかという点にむけられる。集荷の安定化を実現ならしめる最も直接的な方法が農家の系列化である。いうまでもなく，安定的に集荷したい茶は合組(Blending) の際に「親茶」となる茶であり，品質的にみた場合，上質の茶にほかならず，集荷対象農家は階層的には上層農が中心となる。よって，茶商と農家との取引関係も茶商主導による一方的なものとは考えられないであろう。そこでの買入価格水準は表4-11にみるように,Eを除いて市場価格水準ないしそれ以上となっている。

以上のように，産地系列農家の存在は，茶商が仕上茶販売をおこなう上で重要な意味をもっているのであり，また農家にとっても価格メリットが生じていることから，両者の結びつきの内実は前近代的な支配・従属といった関係ではなく，相互補完的な関係であるということができる。

ところで，集散地問屋への荒茶出荷についても大部分ブレンドするとのことであり，県外共販をはなれて得意先と安定的に取引をおこなう上で系列農家の存在は一定の意味をもつと考えられる。しかしながら，その意味は仕上茶販売型においてそうであるほど積極的なものとはいえず，その確保に主体的に対応しているとはいえない。

それは，とくに産地対策面について指摘できる。仕上茶販売率の高いBの場合，系列農家を会員とする組織を結成し，技術向上のため農家を静岡での研修に派遣する，あるいは静岡から講師をよび技術指導おこなうなどの幅広い産地育成対策を講じている。一般に，仕上茶販売にウェイトをおいた茶商ほど産地対策に熱心であるということができる。そこでは，茶商と農家との結合関係はより強固なものとして成立しているのである。

最後に，全国的視野からの県内産地茶商の位置と県内荒茶価格の推移につ

表 4-12　茶業関係企業法人所得（1980年度）

（単位：百万円）

所得順位	所得	売上げ	資本金	本社所在地
1	1,168	18,123	34	東京
2	689	920	10	三重
3	526	5,514	86	京都
4	306	2,190	4	東京
5	243	1,876	10	京都
6	239	2,200	80	京都
7	215	5,220	80	東京
8	185	8,807	300	東京
9	170	…	…	京都
10	165	3,340	24	鹿児島
18	104	2,000	50	鹿児島
20	100	1,784	3	鹿児島
22	83	1,100	7	鹿児島
26	73	…	…	鹿児島
27	71	1,556	27	鹿児島
38	55	1,730	10	鹿児島
39	53	340	3	鹿児島

資料：「日本茶業新聞」より。

注：所得順位上位50社について，1位から10位はすべて，10位以下は鹿児島本社のみ記載。

表4-13　荒茶価格の推移（鹿児島県，静岡県；1966―81年度）

（単位：円/kg，%）

年度	1番茶		2番茶		3番茶		年平均		a/b ×100
	鹿児島	静岡	鹿児島	静岡	鹿児島	静岡	鹿児島 (a)	静岡 (b)	
1966	379	507	313	391	316	389	342	435	78.0
1967	407	504	255	348	228	302	319	396	80.6
1968	520	621	333	437	304	406	386	498	77.5
1969	660	736	399	524	419	526	515	607	84.8
1970	765	944	433	602	405	512	532	710	74.9
1971	670	949	338	533	308	436	439	680	64.6
1972	987	1,124	438	624	490	574	627	802	78.2
1973	955	1,164	580	710	463	601	685	841	81.5
1974	1,225	1,365	488	624	430	565	775	907	85.4
1975	1,580	1,732	741	957	567	704	965	1,192	81.0
1976	1,468	1,815	552	777	498	608	851	1,161	73.3
1977	1,788	2,098	725	911	569	653	1,083	1,346	80.5
1978	1,967	2,215	675	822	604	591	1,181	1,392	84.8
1979	2,239	2,617	833	950	704	614	1,353	1,554	87.1
1980	2,220	2,447	851	860	698	560	1,388	1,500	92.5
1981	2,260	…	1,075	…	884	…	1,525	…	…

資料：茶市場資料より。

いて触れておこう。表4-12にみるように，1980年度には全国茶業関係企業法人の所得順位上位50社のなかに鹿児島本社企業は8社進出している。上位は主に集散地あるいは大消費地の企業であることから，鹿児島県内茶商は産地茶商としてはかなり大手であるということができる。それは，とくにここ10年間に急成長をとげた結果である。

一方，県内荒茶価格の推移を静岡価格との対比でみると（表4-13），1972年度まではしばしば静岡価格の8割を下回っていたものが，それ以降はほぼ8割をカバーし，80年度には9割をカバーするにいたっている。茶期別にみると，三番茶については78年度に鹿児島価格が静岡価格を上回り，二番茶については80年度にほぼ均衡している。一番茶についてもほぼ同様の傾向がすすんでいるとみることができ，したがって，下級茶から上級茶へと若干のタイム・ラグをともないながら全体として鹿児島と静岡における荒茶の価格差は縮小してきている。

このことは，近年の鹿児島県における茶生産・加工技術の向上，それによる荒茶品質の向上を客観的条件としつつ，県内茶商がマーケティング活動を通じて従来の集散地市場における低評価を払拭し，あるいは消費地市場における販路開拓をすすめることにより鹿児島茶の銘柄を確立してきたことの結果にほかならない。その場合，より直接的に鹿児島茶の産地価格条件の改善を担ってきたのは，茶市場価格設定において自立性・主導性をもつ仕上茶販売＝消費地出荷型である。さらにつけ加えるならば，現在（1979年度），鹿児島県における仕上茶出荷額は100億円，同県製造品出荷額の第17位を占めるにいたっており，地域経済への貢献も大きい。

(3) 鹿児島茶商品化における産地商人の機能と役割

1965年以降，茶においても産地茶市場設置というかたちで共販体制整備がなされてきているが，産地集荷・出荷にかかわって産地商人は大きな地位を占めている。以下，産地商人の機能と役割について要約すると次のようである。

① 産地集荷にかかわって産地商人が存立する条件は，茶市場システムが集分荷，価格形成，情報流通のおのおのについて十分機能していない点にある。集分荷の合理性を出荷費負担の問題としてみれば，市場手数料5.4%（農協手数料等を含む）が農家にとって大きな負担であること，また定率手数料であることから実質的負担が農家間でアンバランスとなることが指摘できる。価格形成の点では，総体的には茶市場は産地における建値市場として重要な役割を担っているが，個別的価格形成については「一物多価」の特徴を示す。それは，茶市場における価格形成が個々の茶商の品質評価機能に大きく依存していることの結果であった。このことを個々の出荷者の立場からみれば，

市場出荷の場合には商人出荷と比較し，たんに自己の生産物の価格決定に参加できないのみならず，さらに実現価格の偶然性を甘受せざるをえないこととなる。さらに，情報伝達という点で茶市場は商人とくらべ不十分な機能しか果たしていないのである。したがって，産地商人は集分荷，価格形成＝品質評価，情報流通の点で，より優れた機能を果たしているといえる。

②　つづいて，県外出荷の動向についていえば，1965年当時その大半が九州内仕向であったものが，主産地化のなかで静岡・京都・大阪といった集散地市場仕向へとそのウェイトを移していった。それらの販路開拓は，茶商協による共同販売をテコとしながら，加えて，産地茶商の個別的・主体的販売努力によるものであった。現在の産地茶商による出荷対応のあり方は，全国的集散地市場仕向の荒茶形態での出荷を大宗としつつ，同時に，あらたな地方消費地市場(中国，四国，東北，北海道)仕向の仕上茶形態での出荷がみられる。とくに，後者は産地側からの流通段階の短縮化・系列化と産地段階での付加価値部分のとりこみという点で大きな意味をもつ。

③　産地茶商が仕上茶販売＝消費地出荷をおこなう場合，経営対応のあり方は，保管施設・仕上加工施設の拡充，品揃え機能の担当にみることができる。他方，産地集荷面では農家の系列化が志向されている。それは，品揃え，および安定的分荷機能を果たすためには，産地における安定的集荷の確保が必要となるからである。系列農家に対しては多様な生産技術指導がおこなわれ，茶商の販売力を背景に高価格が保証され，よって，産地商人と農家との結合関係はきわめて相互補完的なものである。

④　以上のような対応をとりながら，今日，産地商人は全国的大手茶商に比肩するまでに成長した。近年，鹿児島と静岡における荒茶の価格差はほぼ解消されつつある。また，仕上茶出荷額は鹿児島県製造出荷額の第17位を占めている。今日的産地茶商の存立・展開は，地域農業ならびに地域経済の発展にとって重要な役割を担っているのである。

補　論

緑茶共販体制整備と産地出荷対応の特質

——京都府を事例として——

第1節　課題と対象

すでに述べたように，戦後の緑茶産地流通における主要な変化は，1950年以降の単位農協による共同販売へのとりくみと，69年以降の主として経済連による産地茶市場の整備といった農協共販の展開である。従来，商人流通を大宗とした茶流通においても，農協・茶市場流通はそのシェアを大きく伸ばし，現在，農協共販率は約5割，うち経済連（茶市場）共販率は約2割を占めるにいたっている。

とはいえ，依然として，商人流通は一定のシェアを保ち，農協・茶市場流通が支配的とはいえない現状である。それは，いうまでもなく，生産者が市場対応をおこなうに際して，農協・茶市場出荷を回避し，他の出荷先，とりわけ商人出荷を選択していることの結果にほかならない。

ここでの課題は，今日の茶市場を中心とする農協共販体制が生産者にとって緑茶商品化ルートの1つとしていかなる意義と問題点をかかえているのかを，産地出荷対応の分析を通して明らかにすることである。

なお，ここでいう農協共販体制とは単位農協が経済連段階である茶市場に出荷する部分系統共販を意味する[1)]。それゆえ，単位農協が市場出荷を回避し独自の販売対応をとる場合については考察の対象外とする。

考察の対象地域としては，京都府をとりあげる。京都府の場合，単協共販率，経済連共販率はおのおの46%，39%であり，両者の差は小さく，また茶市場以外での販売をおこなっているのは1農協のみである（数字は1981年度)[2]。

考察の手順は次の通りである。第1に，京都府における戦後の共販展開を概観した上で，第2に，共販取扱分の統計資料を用いて産地出荷対応の特質を明らかにする。第3に，産地の事例分析により出荷対応を規定する要因について，茶生産・経営の性格までさかのぼって考察する。

1) 農協の共同販売の形態としては，1つに単位農協が独自に販売する単独共販（単協共販）と，いま1つに系統組織を利用する系統共販とがある。後者は，さらに県段階利用の部分系統共販と全国段階利用の完全系統共販とに区分される（野崎保平『農産物市場と共販』日本経済評論社，1979，p. 93)。たんに農協共販という場合，そのどれをさすのか必ずしも明確ではなく，またときにはそれらすべてをふくむものとして用いられることもある。
   茶の場合について実態に即していえば，単独共販もかなりみられるが県段階利用の部分系統共販が最も一般的な形態であるといえる。
2) 調査対象地域として京都府をとりあげた理由として，いま1つに，主産県のなかで唯一共販取扱等流通関係の統計資料が整理され，また公表されているという資料利用上の便宜もある。多くの他県では，茶流通関係の資料は入手が困難な場合が多い。

第2節　茶共販の進展と産地流通の現状

(1)　茶共販の進展

茶流通は，元来，前期的な流通の代表的事例とされてきたが，その主な内容は代金決済，取引価格の不明朗さにあった。

とくに，京都府は古くからの産地であるため茶商の力が強く，生産者にとって不利な取引が一般的であった。具体的には，「延べ取引」といわれる前期的な取引方法がとられていた。「延べ取引」とは，「農家は荒茶を問屋に渡す際に代金決済をうけるのでなく，1カ月後から10カ月後位まで決済がくりのべられ，しかも引渡し時に価格の正式な取決めも行われず，その後の価格変動とにらみ合わせて決済時にはじめて確定する」[3]という取引方法である。それは，茶商と生産者との固定的取引関係を背景とするものであった。

そのようななかで，戦後まもなく，茶商主導の取引に対抗するために農協独自の販売にとりくんだのは，京都府南部の田原農協である。1954年には，府内茶商を対象とする入札販売会の開催とあわせて，消費地農協への通信販売をおこなっている。しかしながら，加工・販売能力の限界もあって，地元茶商との共存関係を保っており，単協の共販率そのもの自体高いものではなかった。したがって，府生産量全体に対する共販量はきわめて少ないものにすぎなかった。

1957年に京都府の指導により，京都府北部の両丹地区[4]において荒茶斡旋販売方式による共販が始められる。それは，両丹地区が戦後新植をすすめてきた新興産地であり，当時，急速に生産量が増加してきたのであるが，その際それに応じた十分な販路をもたなかったことによる。

その後，徐々に京都府南部の主産地農協においても共同販売がすすめられ

表 5－1　京都府における農協共販率・市場集荷率の推移

（単位：t，%）

	荒茶生産量 ①	農協共販量 ②	市場集荷量 ③	農協共販率 ②／①×100	市場集荷率 ③／①×100
1958	2,137	153	—	7.2	—
1960	2,049	195	—	9.5	—
1962	2,251	217	—	9.6	—
1964	3,571	444	—	12.4	—
1966	3,302	531	—	16.1	—
1968	2,817	643	—	22.8	—
1970	2,994	937	441	31.3	14.7
1972	3,166	1,207	723	38.1	22.8
1974	3,524	1,377	999	39.1	28.3
1976	3,278	1,749	1,363	53.4	41.6
1977	2,917	1,707	1,322	58.5	45.3
1978	3,222	1,619	1,282	50.2	39.8
1979	3,373	1,543	1,219	45.8	36.1
1980	3,334	1,569	1,295	47.1	38.8
1981	3,371	1,560	1,303	46.3	38.7

資料：京都府『茶業指導資料』による。

る。その過程は，表5－1に示すような1960年以降の農協共販率の高まりにみることができる。以上のような農協共販の進展により，生産者にとっての販売条件は大きく改善される。具体的には，以前のような「延べ取引」はみられなくなり，多くの場合，取引1カ月後には茶販売代金の回収が可能となった。

(2)　茶市場整備と産地流通の現状

このような単位農協による茶販売へのとりくみに対応して，1967年には経済連が茶取扱を始める。その後，取扱量の増加と国の茶流通合理化・近代化政策を背景とし，74年，茶市場を設置している。

茶市場がおこなう主な業務は，茶販売斡旋，代金決済，取引補償，保管である（表5－2）。市場への出荷者は府内単位農協であり，農家出荷単位別に見

表５－２　京都府茶市場の概要

項目			施設名：京都府経済連茶事業所（特産農業センター）
設立年度			1974
所有と運営	所有者		京都府経済連
所有と運営	運営委員会	有無	有
所有と運営	運営委員会	構成メンバー	茶業会議所 茶協同組合 安定基金協会 経済連 中央会 茶生産協議会 主産地農協 学識経験者
売手	売手の資格		県下総合農協 生産者
買手	登録人員	県内（人）	145
買手	登録人員	県外（人）	—
買手	登録人員	計（人）	145
買手	登録資格		県内商工業者であって茶取引安定基金協会加入者

項目			京都府経済連茶事業所
取引方法	方法	相対％	10
取引方法	方法	セリ％	—
取引方法	方法	入札％	90
取引方法	品定め	見本％	100
取引方法	品定め	現荷％	—
取引方法	現荷渡し場所		施設内
取引方法	荒茶出荷規格		てん茶は15kg，その他は40kg，大海ポリエチレン３重袋
代金決済方法	方法	現金％	20
代金決済方法	方法	手形％	50
代金決済方法	手形期間内利息（年）		8.5％
代金決済方法	決済方法の規定		現金は請求日より14日以内，手形サイドは請求日起算90日以内。期間外利息は12％（年）
代金精算方法	手数料	出荷者より	2.0％
代金精算方法	手数料	買受人より	1.5％
代金精算方法	手数料	計	3.5％
代金精算方法	取引補償料		—
代金精算方法	精算日その他		売立て10日後に農協より支払い

資料：静岡県『茶業問題研究会報告書』（資料編），1975。

本出荷をする。取引方法は入札を原則とし，日に500〜1,000点上場され，50〜100人の府内茶商が取引に参加する。入札茶商には茶取引安定基金の積立義務が課せられ，これが貸し倒れの際の取引補償ファンドとなる。生産者への代金精算は，取引成立から10日後に農協を通じておこなわれる。

現在，両丹茶農協の場合のみ市場出荷とあわせて農協独自の斡旋販売をおこなっている。しかし，その他の農協は共販量のほとんどを市場へ出荷している。

茶市場が設置されたことにより，生産者・農協の出荷を前提に府下一円を対象とする「一元集荷多元販売」ともいうべきシステムが成立したのであり，生産者サイドからみたその意義は以下のような点である。第1に，代金決済をより早期化・確実化したこと，第2に，大量需給の会合と競争入札により価格形成が公正なものとなったこと，第3には，販売がより容易となったということである。

このような役割を担いつつ茶市場は設立以来その集荷率を伸ばし，77年度には府内荒茶生産量2,917 t のうち，1,322 t をとりあつかい，市場集荷率は45.3%まで高まった(表5-2)。しかし，その後，単協共販率および市場出荷率は停滞傾向を示すにいたっている。

このことは，茶市場を要とする農協共販体制が前述のような役割を果たしながらも，同時に次のような問題をもつからであると考えられる。それは，

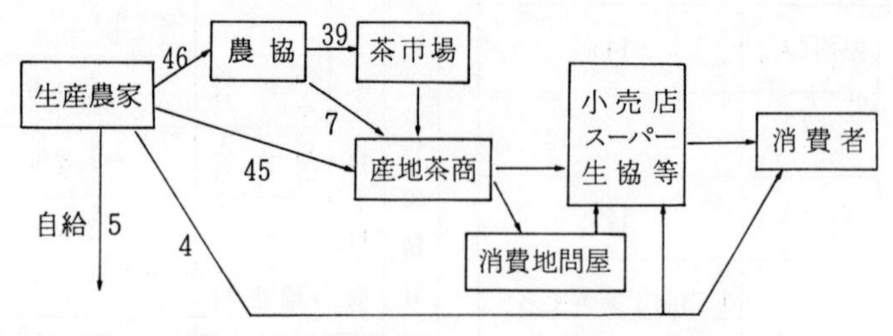

図5-1　流通経路別シェア（京都府，1977年度）

注：京都府『宇治茶産地診断報告書』1978，を参照し，数字を修正。数字は流通量の構成比を示す。

第1には，短時間に多数の茶の取引をおこなうために十分な品質評価ができないこと(具体的には外観要因重視，ヤブキタ種以外の低価格)，第2に，価格形成が入札茶商間の競争にゆだねられるため，価格の乱高下が大きいこと，そして第3には，生産者が販売，とくに，価格交渉の当事者たる地位から退くということである。

現在，産地流通のあり方は図5-1に示す通りである。大まかには，「生産者――農協――茶市場――産地茶商」という共販・茶市場流通と「生産者――産地茶商」という商人流通とにわかれる。

3)　伊藤茂「農村工業としての製茶業」協同組合経営研究所『協同組合経営研究月報』第49号，1957，pp. 6-7。
4)　両丹地区とは，旧国名での京都府北部の丹波，丹後を一括した地区であり，現在，5市18町をふくんでいる。そこでの茶生産の中心は，綾部市，舞鶴市，福知山市である。

第3節　地区別・茶種別・価格別の産地出荷対応

(1)　地区別・茶種別産地出荷対応

京都府『茶業指導資料』により，単協共販取扱分について地区別・茶種別の取扱量および取扱金額を知ることができる。そのデータを用いて，産地出荷対応の特質を明らかにしよう。

表5－3は，府下地区別の共販率を示している。共販率が50％をこえる地区は，井手町，山城町，加茂町，南山城村，ならびに両丹地区である。主とし

表5－3　地区別共販率（1981年度）

（単位：t，％）

地区名	総生産量	農協取扱量	共販率
京都市	12.3	0.0	0.0
宇治市	76.3	0.4	0.5
城陽市	40.8	2.3	5.6
久御山町	4.7	2.0	42.6
八幡市	20.6	2.6	12.6
田辺町	51.7	8.1	15.7
井手町	45.7	29.4	64.3
宇治田原町	531.8	93.4	17.6
山城町	31.5	20.8	66.0
木津町	0.2	0.0	0.0
加茂町	219.2	145.2	66.2
笠置町	5.7	1.5	26.3
和束町	1,270.0	402.7	31.7
精華町	2.0	0.1	5.0
南山城村	615.1	553.0	89.9
両丹地区	422.5	298.3	70.0

資料：表5－1に同じ。

表 5－4　茶種別共販率（1981年度）

（単位：%）

茶　種	てん茶	玉　露	かぶせ茶		煎　茶		平　均
			一番茶	二番茶	一番茶	二番茶	
共販率	20.6	64.4	43.4	93.7	46.4	61.0	46.3

資料：表 5－1 に同じ。

て煎茶生産を中心とする産地が多いが，同時に玉露量産地である両丹地区もふくまれる。他方，共販率が50%を下回るのは，てん茶産地である京都市，宇治市，城陽市，八幡市，上質玉露の産地である田辺町，宇治田原町，およびかぶせ茶産地である精華町であるが，煎茶産地である和束町もふくまれている。

このように，共販率は地区別にきわめて多様である。しかし，ここで，注目すべきは，従来一般に考えられていたような「玉露産地では商人出荷が多く，煎茶産地では共販出荷が多い」という理解は必ずしも妥当しないという点である。

茶種別の共販率を表 5－4 からみても，てん茶については20.6%と低いが，煎茶，かぶせ茶の一番茶がおのおの46.4%，43.4%であるのに対し，玉露は64.4%ときわめて高い数字を示している。玉露の共販率は煎茶のそれを大きく上回っているのである。このように，共販の現状について茶種別に数量ベースでとらえるかぎり，共販率は「てん茶以外は玉露など高級茶も含めて農協のシェアがいずれも40～60%の水準に達している」[5]（傍点——引用者）との評価を下すことができるであろう。

(2)　価格別産地出荷対応

しかしながら，そのような評価は決して十分に出荷対応の内実をとらえたものとはいえない。1981年度の共販取扱分の平均単価を同年度の府平均単価と比較してみよう（表 5－5）。てん茶，玉露，かぶせ茶，および煎茶の一番茶

表 5－5　一茶番の地区別共販量・金額と平均単価（1981年度）

（単位：kg，千円，円/kg）

	一番茶														
	煎茶			かぶせ茶			玉露			てん茶			合計		
	数量	金額	単価	数量	金額	単価	数量	金額	単価	数量	金額	単価	数量	金額	単価
京都市										17	221	13,000	17	221	13,000
宇治市	35	93	2,657	16	265	16,563	58	544	9,379	338	3,562	10,538	447	4,464	9,987
城陽市				25	104	4,160	507	2,721	5,367	3,760	15,549	9,005	2,292	15,674	8,147
久御山町										2,047	17,535	8,566	2,047	17,535	8,560
八幡市										2,570	21,673	8,433	2,570	21,673	8,433
田辺町	16	101	6,313	82	450	5,488	3,842	35,612	9,269	3,810	18,274	4,796	7,750	54,437	7,024
井手町	2,043	3,567	1,746	1,598	3,160	1,977	1,220	4,023	3,298	14,951	66,643	4,457	19,812	77,393	3,906
宇治田原町	1,715	7,248	4,226	2,752	9,624	3,497	2,669	15,564	5,831				7,136	32,436	4,545
	28,940	88,646	3,063	4,023	14,386	3,576	8,564	51,322	5,993				41,527	154,354	3,717
山城村	855	2,006	2,346	2,632	7,170	2,724	6,394	22,018	3,600				9,881	32,194	3,258
加茂町	46,769	107,383	2,296	8,752	23,166	2,647							55,521	130,549	2,351
笠置町	1,531	2,529	1,651										1,531	2,529	1,652
和束町	171,377	409,797	2,391	400	1,060	2,650							171,777	410,557	2,397
精華町							145	951	6,628				145	951	6,626
南山城村	119,376	318,888	2,671	776	2,834	3,652							120,152	321,722	2,678
	60,104	152,534	2,543										60,104	152,834	2,543
両丹地区	18,436	34,902	1,893	11,289	31,160	2,760	79,543	405,334	5,115				109,263	472,596	4,328
合計	451,197	1,127,994		32,345	93,370		102,942	540,599		25,493	143,757		611,977	1,905,729	
平均単価	2,500円			2,887円			5,251円			5,639円			3,114円		
府平均単価	2,584円			3,524円			5,550円			7,178円			3,416円		

資料：表 5－1 に同じ。
注：宇治田原町，南山城村のみ，1町村に2農協あるため，数字が2つにわかれる。

について，府平均単価がおのおの7,178円/kg，5,550円/kg，3,524円/kg，2,584円/kgであったのに対し，共販取扱分の平均単価はおのおの5,639円/kg，5,253円/kg，2,887円/kg，2,500円/kgと，すべての茶種についておよそ100〜1,500円ほど下回っている。したがって，一般に共販ルートにのる茶はそれぞれの茶種のなかで低品質茶であるということができる。

さらに，地区別に共販量と平均単価をみると，以下のようである。玉露についてみるならば，玉露共販量103ｔのうち約８割が両丹地区の共販取扱分で占められている。その平均単価は5,115円/kgと府の平均単価と比較しても約400円安く，田辺町，宇治田原町の価格とくらべると700〜4,000円もの価格差がある。てん茶，かぶせ茶，煎茶についても，程度の差はあれ，ほぼ同様のことが指摘できる。

以上のことから，共販率を高めることに寄与しているのは主として低品質茶生産地帯の出荷であって，高品質茶生産地帯では共販を回避し，商人出荷を選択する傾向が強いといえよう。いいかえれば，今日の産地市場対応のあり方は，玉露は商人出荷，煎茶は共販出荷といった茶種別の出荷対応から，それぞれの種類別に高品質茶は商人出荷，低品質茶は共販出荷とより複雑な分化がすすんでいるといえるのである。

5)　京都府『茶業奨励資料』1973，p.46。
中野一新氏は，この玉露共販率の高まりという事実について，「当初は農協共販に対する茶問屋の抵抗が強く，とくに高級茶は茶問屋に出荷されて農協では主として中級以下しか取扱えなかった。しかし，経済連茶流通センターが開設されて以後は茶商の認識もしだいにかわってきて，品揃えのよい茶流通センターや両丹茶農協で高級茶を仕入れる業者もふえてきた」と述べ，かなり積極的な評価を与えている（同氏「京都府の農産物価格流通政策」川村琢・湯沢誠・美土路達雄『農産物市場論大系第３巻　農産物市場問題の展望』農山漁村文化協会，1977，p.339）。

第4節　出荷対応を規定する地域的生産＝経営の性格

――宇治田原町と南山城村との地域比較――

(1)　宇治田原町，南山城村の概況

ここでは，先に明らかにされた品質別出荷状況について，より具体的に生産者の主体的市場対応としてとらえ，その要因を産地における生産・経営の性格まで立ち入って考察する。とりあげる地区は，商人出荷割合の高い宇治田原町と共販出荷割合の高い南山城村である。

考察に際し，両地区の概況について若干触れておこう。地区概況は表5－6に示す通りである。

まず，専業農家率，第1種兼業農家率，第2種兼業農家率をみると，宇治田原町では8.0%，13.5%，78.5%，南山城村では16.7%，39.6%，43.7%となっており，南山城村にくらべ宇治田原町においてより兼業化の進展が著しい。それは，基本的には南山城村が三重県ならびに奈良県境の山間地帯に位置するのに対し，宇治田原町は京都市，宇治市の近郊に位置することによる。

1戸当たり経営耕地面積は，宇治田原町で57ａ，南山城村で87ａと，宇治田原町がより零細である。

経営方式についてみれば，宇治田原町においてより単一経営が多いが，両地区とも複合経営は少ない。作目別収穫面積では，両地区とも稲と茶以外にみるべきものはない。農産物販売金額第1位の部門別農家数構成比をみると，両地区とも茶部門で6割から8割近くを占めている。それゆえ，両地区とも茶部門を中心とする地区であるといえる。

(2)　産地展開と茶生産＝経営の性格

それでは，宇治田原町，南山城村における茶生産•経営の特質をみてみよう。

表5－6　地区概況（宇治田原町，南山城村；1980年）

（単位：％）

		宇治田原町	南山城村
総農家数(戸)		839	485
専業農家率		8.0	16.7
第一種兼業農家率		13.5	39.6
第二種兼業農家率		78.5	43.7
一戸当たり経営耕地面積(a)		57	87
水田率		47.2	50.2
畑地率		5.2	3.5
樹園地率		47.6	46.3
単一経営農家率		51.8	37.5
準単一経営農家率		17.0	35.1
複合経営農家率		3.2	8.7
農産物販売なし農家率		27.9	18.8
作物別収穫面積(ha)	稲	192	190
	麦	—	1
	豆	3	1
	茶	215	190
	野菜	10	3
	花き	1	1
	飼料	1	—
	果樹	2	—
	計	424	386
農産物販売金額1位の部門別農家数構成比	稲	15.9	31.7
	茶	77.9	64.5
	野菜	3.0	1.5
	果樹	0.3	—
	養豚	0.2	—
	施設園芸	—	—
	その他	2.7	2.3

資料：『1980年農業センサス』による。

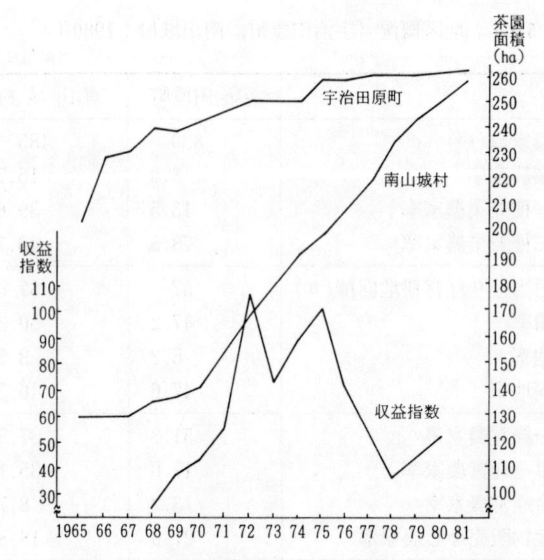

図5－2　宇治田原町，南山城村における産地形成（1965—81年）

資料：茶園面積は『茶業指導資料』，『京都府農林水産統計年報』によった。
注：収益指数は10ａ当たり家族労働報酬（京都府）を卸売物価指数によりデフレートした。

図5－2は，両地区における産地形成の時期を茶作の収益性との関連で示している。宇治田原町は1965年にはすでに茶園面積200haに達しており，その後10年間は徐々に面積を増加させてきた。しかし，75年以降，茶作の収益性が低下してからは茶園面積の増加はほとんどない。他方，南山城村については，60年代後半から急速に茶園面積を増加させ，およそ20年間に産地規模を２倍に拡大している。とりわけ，茶作の収益性が悪化した75年以降も面積増加のテンポが落ちなかったことは特徴的である。

このことから，宇治田原町は1965年以前に一定の産地形成がおこなわれていた旧産地であるのに対し，南山城村はとくに60年代後半から急速に産地規模を拡大したのであり，相対的に新産地的性格をもつ。また，南山城村における茶園面積の増加は必ずしも茶作の収益性のみに規定されていたとはいえず，第2次構造改善による政策主導の側面をもつものであった。それは，茶園の造成のあり方にみることができ，宇治田原町では主に小規模特産園地開発事業による造成であったのに対し，南山城村では主に団体営農地開発事業による大規模造成であった。したがって，宇治田原町は1965年以前からの自生的旧産地であり，他方，南山城村は60年代後半からとくに第2次構造改善事業を背景に急速に産地形成をすすめたより政策主導の新産地的性格をもつといえる。

では，そのような産地形成にみられる差異は，現在の生産・経営のあり方にいかなる影響を与えているのであろうか。

第1には，茶品種状況についてみることができる(表5-7)。宇治田原町では，在来園割合がいまだ55.2%を占め，品種園割合を上回っているのに対し，

表5-7　茶種別・品種別茶園面積（1981年）

（単位：ha, %）

	品種別		茶種別			合計
	在来園	品種園	煎茶園	かぶせ茶園	玉露園	
宇治田原町	137.0 (55.2)	111.0 (44.8)	165.0 (66.5)	41.0 (16.5)	42.0 (16.9)	248.0 (100.0)
南山城村	83.5 (37.9)	137.1 (61.2)	219.7 (99.6)	0.9 (0.4)	— —	220.6 (100.0)

資料：表5-1に同じ。
注：計が100とならないのはラウンドによる。

表5-8　品種別茶園割合（1981年）

（単位：ha, %）

	きょうみどり	やぶきた	さみどり	うじ光	ごこう	こまかげ	おくみどり	その他	計
宇治田原町	0.5 (0.4)	103.8 (83.0)	0.3 (0.2)	0.4 (0.3)	6.4 (5.1)	8.3 (6.6)	— (—)	5.2 (4.2)	125.0 (100.0)
南山城村	0.1 (0.1)	160.5 (92.1)	0.5 (0.3)	— (—)	0.8 (0.5)	0.8 (0.5)	6.9 (4.0)	4.6 (2.6)	174.2 (100.0)
府全体	1.6 (0.2)	756.5 (84.9)	15.4 (1.7)	2.3 (0.3)	15.3 (1.7)	15.3 (1.7)	13.4 (1.5)	71.0 (8.0)	890.8 (100.0)

資料：表5-1に同じ。
注：計が100とならないのはラウンドによる。

表5－9　被覆面積（1981年度）

（単位：ha,％）

	よしず	こも	寒冷紗	合計	被覆率
宇治田原町	5.0	61.0	37.0	103.0	41.5
南山城村	—	—	2.9	2.9	1.3

資料：表5－1に同じ。

表5－10　荒茶収量及び荒茶単価（1981年度）

（単位：kg／10ａ，円）

	10ａ当たり荒茶収量	荒茶平均単価	茶種別平均単価		
			一番茶	二番茶	番茶
宇治田原町	214	1,773	3,417	1,167	134
南山城村	279	1,521	2,673	1,109	379

資料：表5－1に同じ。

南山城村では品種園割合が62.1％であり，在来園割合を上回っている。品種園について品種別割合をみると，表5－8に示すように，両地区ともやぶきたの占める割合が高いが，とくに南山城村において府平均を大きく上回る。全茶園面積に占めるやぶきた割合をみるならば，宇治田原町で37.2％であるのに対し，南山城村では57.2％となり，南山城村におけるやぶきた単一性ははるかに高い。したがって，宇治田原町においては品種の複合性が強く，他方，南山城村ではより品種の単一性が強いということができる。

第2に，被覆状況をみると（表5－9），南山城村では被覆面積はわずか2.9ha，全茶園の1.3％にすぎないが，宇治田原町では被覆面積は103ha，41.5％にもおよぶ。宇治田原町においてより労働集約的高品質茶生産がおこなわれていると考えられる。

その点を荒茶収量・荒茶単価の面から確認すると（表5－10），宇治田原町では南山城村とくらべ10ａ当たり荒茶収量は65kg少なく，他方，荒茶平均単価は252円/kg高い。一番茶については744円/kgもの価格差がある。

第3には，両地区における階層構造の差についてである。1968年から81年

表 5-11　茶経営規模別農家戸数の推移（1968，72，75，78，81年）

（単位：戸）

		4 a 未満	4-10	11-30	31-50	51-100	101-150	151-200	201-250	251-300	300以上	合　計
宇治田原町	1968	117	210	293	141	115	15	4	1	—	—	896
	1972	25	78	116	243	271	112	10	1	—	—	856
	1975	22	75	105	210	312	121	10	1	—	—	856
	1978	20	70	102	204	303	117	10	1	—	—	827
	1981	20	70	102	204	303	117	10	1	—	—	827
南山城村	1968	—	24	66	96	47	6	—	—	—	—	239
	1972	—	24	66	96	47	6	—	—	—	—	239
	1975	—	19	62	55	43	22	29	14	—	1	245
	1978	—	19	62	50	35	16	37	22	3	1	245
	1981	—	19	62	50	31	14	39	24	4	2	245
増減　宇治田原町	68—72	▽ 93	▽132	▽177	△102	△156	△ 97	△ 6	0			▽ 40
	72—75	▽ 3	▽ 3	▽ 11	▽ 33	△ 41	△ 9	0	0			0
	75—78	0	▽ 5	▽ 3	▽ 6	▽ 9	▽ 4	0	0			▽ 29
	78—81	0	0	0	0	0	0	0	0			0
増減　南山城村	68—72		0	0	0	0	0					0
	72—75		▽ 5	▽ 4	▽ 41	▽ 4	▽ 16	△ 29	△ 14		△ 1	△ 6
	75—78		0	0	▽ 5	▽ 8	▽ 6	△ 8	△ 8	△ 3	0	0
	78—81		0	0	0	▽ 4	▽ 2	△ 2	△ 2	△ 1	△ 1	0

資料：表 5-1 に同じ。

注：△は増，▽は減を意味する。

表 5-12　農家調査結果表（宇治田原町，南山城村）

		茶作開始時期		茶園面積（a）	うち被覆面積（a）	在来園		茶品種導入数	年間施肥回数	荒茶加工施設			茶期別共販率			一番茶平均価格 円／kg
		～昭和20年	20年～			面積（a）	割合（%）			所有 個人	所有 共同	規模	一番茶 %	二番茶 %	三番茶 %	
宇治田原町	1	○		150	75	50	33	7	10	○		120kg1ライン	—	—	—	4,000
	2	○		150	130	—	—	3	11		○	120kg1ライン 60kg1ライン	—	—	—	3,600
	3	○		150	150	5	3	8	10		○	120kg1ライン 60kg1ライン	50	70	—	4,500
	4	○		100	70	17	17	3	6	○		25kg1ライン	—	—	—	4,000
	5	○		100	100	40	40	2	8	○		60kg1ライン	—	—	—	4,500
	6	○		80	80	40	50	5	…	○		25kg1ライン	—	—	—	…
	7	○		50	50	10	20	6	5	○		25kg1ライン	—	—	—	4,250
南山城村	1	○		300	—	90	30	5	5		○	120kg2ライン	100	100	100	2,500
	2	○		250	—	—	—	5	6		○	120kg2ライン	100	100	100	3,700
	3	○		200	—	—	—	1	9	○		60kg1.5ライン	80	80	80	2,500
	4		○	200	—	—	—	4	7			…	100	100	100	3,200
	5		○	200	37	20	10	4	8	○		60kg1ライン	100	100		4,000
	6		○	150	20	30	20	5	5	○		60kg1ライン	100	100	100	3,700
	7	○		100	—	60	60	4	5	○		60kg1ライン 35kg1ライン	75	100	100	2,800

資料：農家聞取り調査（1983. 5）による。

までの階層分化の動向をみると(表5-11)，宇治田原町では30ａ以下の層の減少は著しいが，30～150ａ層は68年から72年にかけて急増し，81年においても茶生産の担い手層としてかなりの厚みをもって維持・形成されている。他方，南山城村については，100ａ以下の層は68年から81年まで一貫して減少し，75年以降は100～150ａ層も減少に転じている。とはいえ，150ａ以上層は72年には皆無であったが，81年には69戸存在している。すなわち，第2次構造改善事業を背景に形成された大規模層と，商品生産としての比重の低い零細層とへの分化がすすんでいるのである。

それでは，個別経営レベルでとくに両地区の茶生産の担い手層の性格をみてみよう。

表5-12に示すように，被覆園割合，導入品種数等の項目について先に産地レベルでみたことが，個別経営レベルとりわけ茶生産の中心的担い手層にもほぼ同様に妥当する。第1に，茶作開始時期について，宇治田原町では，すべて戦前であるのに対し，南山城村では戦後もかなりみられる。

第2に被覆面積，品種導入数でも，宇治田原町が南山城村より大きな数字を示す。

第3に，価格面で，宇治田原町の経営が一番茶について4,000円/kgを実現しているのに対し，南山城村では，4,000円/kgをこえるのは1経営のみである。また，第4に施肥回数は宇治田原町の経営においてより多く，被覆園の多いこととあわせてその労働集約的高品質茶生産としての性格を示している。

以上，両地区における茶生産・経営の性格を総括すると次のようにいうことができる。

南山城村の場合，1960年代後半から急速に産地の規模を拡大したため，必ずしも高級茶・高品質茶生産に適さない限界地的条件の地帯も多い。そこでの経営目標は総生産量の増大と生産費節減による高収益追求を基本とし，具体的には収量が多く品質が標準化されるやぶきたへの改植，摘採の機械化，大型荒茶加工施設の導入と共同化といった省力量産型対応を志向している。

他方，宇治田原町の場合，1960年以前からの旧産地であり南山城村と比較し，茶園規模は零細である。とはいえ，良好な土地条件と茶栽培技術の蓄積を前提に，経営目標を大量生産よりも高級茶・高品質茶生産による高価格追求においている。具体的には，多品種組合せにより労働競合を回避しながら，十分な肥培管理，被覆，手摘をおこない労働集約的生産対応をとっている。

(3) 出荷対応と出荷先選択の基準

つづいて，両地区における出荷対応と一番茶の平均単価との関連をみてみよう(表5-12)。宇治田原町では，共販出荷をおこなっているのは調査農家7戸のうち1戸のみである。南山城村では，調査農家7戸のうち5戸は全量共販出荷であり，残り2戸が共販出荷を中心としながらも一部商人へ出荷している。先にみたように，一番茶の平均単価は宇治田原町でほぼ4,000円/kg以上であるのに対し，南山城村では2,500円/kgから3,000円/kg台がほとんどである。

それでは，両地区の経営はいかなる基準によって出荷先を選択しているの

表5-13　経営が出荷先を選択する基準
(宇治田原町，南山城村)

	宇治田原町	南山城村
値がよい	2	2
出荷に手間がかからない	2	—
技術指導・情報提供をしてもらえる	1	—
現金取引である	—	—
代金決済が確実	2	5
古いなじみ	3	1
品質評価が信頼できる	3	1
取引が明朗・公正	—	1
価格交渉ができる	4	—
回答戸数	9	8
一戸当たりの回答数	1.9	1.3

資料：表5-12に同じ。

であろうか。

表5-13に示すように，南山城村の場合には経営が出荷先を選択する基準として「代金決済が確実」が最も多く，またそれに集中している。他方，宇治田原町の場合その選択基準は多岐にわたっている。そのなかで「価格交渉ができる」が最も多く，「古いなじみ」，「品質評価が信頼できる」と続く。

このような出荷先選択の基準の差異により，南山城村の経営は共販出荷を，宇治田原町の経営は商人出荷をそれぞれ基本としているのである。

すでに述べたように，農協・茶市場流通の重要な意義は代金決済の確実化にあったのであり，南山城村にみられる大量生産対応の経営にとって農協・茶市場流通は販売が容易で安全な商品化ルートとして位置づけられている。

しかし，また同時に，農協・茶市場流通のかかえる問題点は，品質評価の不十分性，価格の乱高下および生産者が価格交渉の当事者から退くという点であった。よって，宇治田原町にみるような労働集約的品質差別化生産対応をとっている経営にとっては，品質評価のいかん，したがってまた荒茶販売価格のもつ意味がきわめて大きい。とりわけ，労働集約性と多品種組合せ等による労働力利用の合理性は，経営における自家労働評価意識をより強いものとし，その結果，自ら主体的に価格決定にかかわる市場対応を選択しているといえよう。

第5節　結　語

考察により明らかとなった点は，以下のようである。

①　今日の産地出荷対応のあり方は，以前のような玉露・てん茶といった高級茶は商人出荷され，煎茶・番茶といった中・下級茶は共販出荷されるというたんに茶種別の分化として十分に理解しうるものではなく，さらにおのおのの茶種別に高品質茶は商人出荷，相対的に低品質茶は共販出荷といった品質別の分化がすすんできている点が指摘できた。

②　その点について産地の生産・経営のレベルまでさかのぼってみると，共販出荷型産地・経営では，品種の単一化，省力化による大量・標準化生産志向が強いのに対し，商人出荷型の産地・経営では，多品種組合せ，労働集約化による少量・差別化生産志向が強い。後者の経営においては，自家労働評価意識が強く茶価格がその経営成果に大きくかかわるため，代金決済が確実な共販出荷よりも品質評価が信頼でき，また価格交渉が可能な商人出荷を選択している。

③　総括すると，産地の共販出荷回避の状況は，労働集約的高品質茶生産農家の販売における主体性と，茶市場を要とする農協共販体制の果たす価格形成機能が価格に対し受動的でかつ品質評価が不十分であることとの矛盾として理解されねばならない。

終　章

要約と展望

農業における小農の商品生産としての発展は、小農の市場対応力を強化し，さらには共同販売の展開をもたらした。それにともなって，産地商人の対応形態と機能は必然的にかわらざるをえない。そのように産地競争構造が変化し，あわせて国家の流通・市場政策の展開により農産物流通の近代化，大量流通条件の整備がすすめられる状況下で，農産物取扱商業資本とりわけ産地商業資本はいかなる対応形態をとり，その結果，農産物の商品化にかかわっていかなる機能，役割を担っているのかを明らかにすることが，本書の課題であった。

課題に接近するにあたって，はじめに，農産物取扱商業資本に関する理論的検討をおこない，つづいて，具体的に緑茶を対象品目として統計資料により一般的動向をおさえ，その上で実態分析をおこなった。緑茶がいまだ商人流通のシェアが高く，よって，ここでの課題を検討する上で最も代表性をもつ典型的品目であると考えたからである。

以下，考察結果を各章ごとに要約し，全体を総括しよう。

第1章では，これまでの農産物取扱商業資本についての諸説を検討し，そこでの論点をふまえて，現段階における農産物取扱商業資本の性格と独自の機能を明らかにした。

はじめに，前期的商人説をとりあげた。そこでは，小農の単純商品生産としての性格を強調するあまり，小農のままでの商品生産としての発展，その結果としての市場対応力の強化，および農協共販の展開といった産地競争構造の変化が十分正しくふまえられていない。具体的には，第1に，高度成長期以降の商業的農業の発展により，現在の小農はすでに「順当な小商品生産経営」の段階にあること，第2には，やはり同時期以降の運輸・通信網等の一般的流通・市場条件の整備・拡充とあわせて，農協共販の進展，産地流通センター等の整備といった点である。農産物取扱商業資本が前期的取引をおこないうる条件は，小農の自給基調性，産地競争構造の不完全性・市場圏の局地性，およびそれらを背景とする古い商習慣であった。先に述べたような点は，これら前期的商人たりうる条件がすでにないことを意味している。したがって，基本的に今日の農産物取扱商業資本を前期的商人とは規定しえないことは明らかである。

つづいて，今日最も有力な見解である手数料商人説をとりあげた。その代表的論文である三国英実「農産物市場における手数料商人化に関する一考察」では，商業資本一般の原理論的規定が無媒介に適用されており，より具体的存在としての農産物取扱商業資本の独自性，すなわち農産物の生産・消費の態様および使用価値的特質に強く規定される側面が軽視ないし無視された。それは，農産物取扱商業資本がたんに単純商品をとりあつかうということのみならず，有機的生産物をとりあつかうという特殊性のために，商品化にかかわって流通過程に延長された生産過程の諸機能等の相対的に独自な機能を果たすことが要求されるという点である。そのことから，農産物取扱商業資本は機能面からみてもいわゆる無機能化した商業資本の一形態である手数料商人と規定しえないし，また，その独自的機能の存在が参入障壁となることにより他の非独占商業資本一般の激しい競争裏にまきこまれえず，よって平均利潤率以下の低利潤しか取得しえない実質的手数料商人とも規定しえないのである。このように農産物商品化における相対的に独自な機能に注目するならば，農産物取扱商業資本が手数料商人化されるのは，農産物の流通・加工過程に直接独占資本が進出する場合か，あるいは国家管理農産物部門の場合に限られる。したがって，多くの自由市場農産物をとりあつかう商業資本について，その手数料商人化は結論しえないのである。

最後に，以上の論点をふまえて，現段階における農産物取扱商業資本の性格と独自の機能を総括した。現代資本主義の下で農産物取扱商業資本は一般に中小零細資本として独占に対し従属する側面をもちつつも，自らの主体的市場対応努力により，そのような市場関係を改変することは十分可能である。そこでは，商業資本として一定の自立性をもち，農産物の需給の結合をより容易とし，流通時間の短縮と流通費用の縮小を可能にするという商業固有の社会的機能を果たしうる。とすれば，今日の農産物取扱商業資本は，国民経済総体との関連では合理的性格をもち，また小農との関連では相互補完的性格を与えられる。

その場合，農産物取扱商業資本が農産物の商品化にかかわって果たす独自の機能とは，第1に品質評価，格付け，第2に情報流通（情報収集・情報提供)，生産指導，第3に加工，包装，保管である。現実問題として農産物取扱商業資本は農産物の商品化をめぐって農業協同組合と競争的関係にある。そこでは，農協が「拘束された商企業」であることから，事業の限定性，総合性という特質をもち，機敏さ・専門的手腕を必要とする商業活動に十分対応しえない。また委託売買資本であることから農協自身がリスクを背負わないため商人的対応をとりにくい。それゆえ，農産物取扱商業資本が農協よりも農産物商品化においてより優れた機能を果たしうるのである。

とくに，今日，農産物流通・市場の再編が農産物本来の生鮮性・多品質性といった商品特性を無視するかたちで大量流通条件の整備を追求しているなかで，農産物取扱商業資本はそのような方向に対し農産物本来の使用価値的特質を生かしながら農産物商品化を担当するという積極的意義を担っている。

第2章では，緑茶の市場構造すなわち緑茶需給と流通構造について，主に統計資料を用いて考察した。明らかになったのは以下のような点である。

第1に，緑茶消費・需要の特質として，今日，基本的には必需品的性格をもち，同時に地域的・季節的・品質的に多様かつ複雑な消費構造をもっている点があげられる。また，1973年以降消費量の減少傾向とともに，緑茶消費の高級化が指摘でき，緑茶消費のあり方は一層多様化してきている。

第2には，緑茶生産が商品生産農業として一定の発展をみせながらも，依然として規模の零細性，生産基盤の未整備といった生産構造の脆弱性をもち，よって緑茶は量的にも品質的にも供給に安定性を欠いている点である。また，戦後の茶産地展開をみると，1960年代以降の近畿地方の後退に対し，九州地方の伸長がみられる。とくに，鹿児島県における煎茶生産の激増と福岡県における玉露生産の拡大が注目される。

第3に，以上のような生産と消費を結びつける流通のしくみについてみると，まず産地流通上の基本的な変化は従来の商人流通に対する農協共販の進展である。とはいえ，1979年以降農協共販率は約5割で頭打ち傾向を示し，商人流通と共販流通の併存が一般的である。つづいて，地域をこえた広域流通については静岡・京都を中心とした集散市場体系が形成されている。その基本的背景は，仕上加工企業の静岡・京都への集中であった。最後に，仕上加工企業のあらたな形態として，大消費地・集散地立地の包装茶メーカーの成立が指摘できる。包装茶メーカーは，生産者から小売店までを一貫して結びつける垂直的統合（Vertical Integration）の担い手としてあらわれている。そのような動きに対抗するかたちで，産地段階での包装茶販売へのとりくみが農家，農協，産地茶商のそれぞれにおいてみられる。とりわけ，その中心的担い手は産地茶商であると考えられる。

第3章では，福岡県をとりあげて，戦後の茶産地市場の展開とそこでの産地商業資本の変質について考察した。

第1に，従来の商人流通は「農家――仲買――産地問屋――消費地問屋」という閉鎖的・固定的つながりを基本とし，そこでは代金決済上の危険が農家側にしわよせされる前期的取引が一般的であった。そのような状況のなかで1950年代以降とくに60年代に入って，一定の茶生産の商品生産としての展開を背景に農協共販がすすめられ，産地における前期的取引は制限されるにいたる。その後，74年には購販連により茶流通センターが設置され，県産茶を一元集荷・大量販売する体制ができ，産地流通の「合理化」がすすめられる。このような戦後の茶産地市場の展開は，茶流通における前期的取引を制限し，その近代化をはかるとともに，産地商業資本の「合理化」(集積・集中)をおしすすめるものであった。

とはいえ，第2に，共販が担ったのは主として集荷・金融機能であり，それ以外の商品化機能は産地商人に依存する場合が一般的であった。したがって，茶産地市場の整備は，茶商から主要な商品化機能を剝奪し，茶商をいわゆる手数料商人化するものではなかったのである。

第3に，現段階における産地商人の対応形態については，福岡県の場合，一方で，県内販売とあわせて玉露の県外販売をおこなう多元販売型と，他方で，量販店と結びつくスーパー卸型とが存在する。前者が，八女茶商品化の積極的担い手として位置づけられるのに対し，後者はとくに茶仕入面において県外茶取扱の比重を高めつつある点から産地商人としての性格を弱めつつあることが指摘できた。

第4章では，1960年以降急激な主産地化をとげた鹿児島県をとりあげて，産地集出荷のあり方と産地商人の対応形態について明らかにした。

第1に，共販＝茶市場システムが集分荷・価格形成（品質評価）・情報流通のそれぞれについて十分に機能しておらず，産地茶商がより優れた機能を果たしている。

第2に，産地茶商は，主産地化に対応し静岡・京都・大阪といった集散地市場に販路を拡大し，同時に，最近では地方消費地市場（中国，四国，東北，北海道）仕向の仕上茶販売をすすめている。そこで，重要な役割を担ったのは，茶商工業者協同組合による共同販売（県外共販，統一販売会）であった。

第3に，このような茶商のマーケティング対応により，生産者にとっての価格条件は大幅に改善され，よって地域農業の発展に寄与したといえる。また，直接的にも，とくに仕上茶販売に力を入れている茶商ほど生産者に対しての生産技術指導を積極的に展開しており，茶商と生産者との結びつきは相互補完的なものである。さらに，仕上茶県外出荷は鹿児島県製造品出荷額の第17位を占め，地域経済の発展にも結びついている。

このように，第3，4章の考察により共通に明らかにされた点は，産地市場流通の現段階においても産地茶商が手数料商人化されず自立的商業資本として主体的販売対応をとっている点であった。しかし，福岡県の場合，消費地的市場条件が強いことから，県外茶仕入の割合を高めることにより産地商人としての性格を弱め消費地商人へと横すべり傾向を示す。それに対し，鹿児島県の場合，主産地化の進展による産地的市場条件の下で，産地茶商が鹿児島茶商品化の担い手として積極的役割を果たしていることが明らかにされた。

補論では，京都府の場合を事例に，生産者による市場対応といった視角から産地商人流通の存立条件を考察した。

第1に，今日の産地出荷対応のあり方は，たんに高級茶は商人出荷，中下級茶は共販出荷という茶種別出荷対応から，高級茶のなかでも高品質茶は商人出荷，低品質茶は共販出荷といった品質別出荷対応へと，より多様で複雑なものとなっている。

第2に，その点を産地の生産・経営のレベルでみると，共販出荷型産地・経営が品種の単一化，機械化，省力化による大量・品質標準化生産志向であるのに対し，商人出荷型産地・経営の場合，多品種組合せ，労働集約化による少量・品質差別化生産志向が強い。後者において自家労働評価意識が強いことが指摘できる。

第3に，そこで，商人出荷型産地・経営は品質評価が信頼でき，価格交渉の当事者たりうることから商人出荷を選択しているのである。したがって，産地の共販回避の状況は，労働集約的高品質茶生産農家の販売における主体性と価格に対し受動的な共販体制との矛盾としてこそとらえられねばならない。

以上，第1章から第4章，補論での考察により，産地市場流通の現段階において産地商業資本が農産物の商品化にかかわって基本的な機能を果たし積極的役割を担っていることを明らかにしえた。

はじめに述べたように，現在，問題とすべき農産物商品化論再構築の視点は次のような点であった。第1には，販売条件を改善し，そのメリットを産地に還元することにより，地域農業の発展に寄与しうるかどうか。第2に，迂回流通等による流通上の社会的空費を減らす課題にこたえていけるかどうか。第3には，地場・地域の中小零細流通業者あるいは加工業者を保護・育成し，地場産業・地域経済の発展に寄与しうるかどうか。第4に，消費者の要求する高品質かつ安全な食糧供給に十分対応しうるのかである。

産地商人が多様なマーケティング対応をとりながら販路を開拓することにより，第1の課題である販売条件の改善を可能としている。さらに，最近の集散地市場仕向から地方消費地市場仕向への市場対応は，第2の流通上の社会的空費を減らす課題に，また，荒茶出荷から付加価値を高めた仕上茶販売への対応は，第3の地域経済の発展という課題にそれぞれこたえるものであった。加えて，画一的な大量流通条件下で，農産物の使用価値的特質を生かすかたちでの産地商人による商品化のあり方は，第4の課題である消費者の要求に即したものであるといえよう。

このように，現代資本主義の下でも国家管理あるいは独占体の支配のおよばない自由市場農産物部門においては，産地商業資本が地域農業・地域経済の発展および消費者の要求にこたえるという点からも合理的かつ積極的な農産物商品化の担い手として位置づけられるのである。

しかしながら，産地商人を地域の農産物商品化の担い手として位置づける場合，まったく問題がないわけではない。それは，第1に，何よりも産地商人が自由な商業資本であるがゆえに，商業利潤追求のためには，地域外からの仕入，場合によっては輸入品仕入をおこなうことにより，域内農産物を商品化するという本来的な産地商人としての積極的機能を低下させる可能性が存在する点である。もちろん，このことも需給の不均衡を是正するための域外集荷は肯定されるものではあるが，域外産取扱シェアが大きく，かつ恒常化した場合は基本的な問題となる。

第2には，産地商人が中小零細資本であるがために，大手スーパー・デパートなどの大型商業資本に販売する際，納品価格をはじめ取引条件をめぐって十分な交渉力・対抗力をもちえないという点である。

以上のような問題点への対応としては，やはり産地商人の協同組合への組織化とその力量強化が重要である。そのことにより，産地商人の自己規制をともないながら外部市場条件への対抗力を強めることができる。

第3に，産地商人のマーケティング対応により域内農産物の販売条件が改善されても，必ずしも，そのメリットが産地に還元される保証はないということである。それは，産地商人が即自的に農民的性格をもちえないからである。

この点については，産地集荷における農協共販が，いくつかの問題点をかかえ集荷率の伸び悩み傾向を示しながらも，商人流通との対抗により産地流通を競争的にしていることが重要な意味をもっている。

以上のようなことから，実際上，産地商人を域内農産物の産地集出荷体制のなかに位置づける場合，第4章であつかった鹿児島県茶共販の事例が示唆に富むといえよう。つまり，産地集荷までを農協共販が担い，県外出荷を商協共販が担う機能分担によるシステムである。このような機能分担は，いわば「農協が協同組合として生産者組合員に拘束された組織であるということが，価格変化に対応した機敏な供給調整を制約している。これに対して産地商人は，こうした調整機能を本来的に保持して」[1]いるということを背景とする。

とはいえ，農協共販と商協共販，いいかえれば農業協同組合と商工業協同組合とが相互に補完的に結びつくことは，たんにそのような機能上の問題にとどまるものではない。最後に，この点について今後の展望もふくめてかんたんに触れておこう。

現代資本主義の特徴的矛盾の1つは，農工間の不均等発展をはじめとする産業部門間の生産力格差の拡大をおしすすめることにより，とりわけ「地域問題」として顕在化する。具体的には，「地域経済間の格差と発展の不均等，地域経済内でとくに重要な位置を占める農業・中小企業の経営困難」[2]である。そのような経営困難を共同の力で補うための組織化が農業協同組合であり商工業協同組合にほかならない。とくに，地域問題が顕在化する現段階的状況下では，農業協同組合，商工業協同組合といった部門別の組織化はもとより，加えて地域における部門別協同組合の相互補完的結合が重要な意義をもってくる。その意義とは，地域内の各構成主体を地域経済の振興という目標に統合させ，中央集権的広域流通システムに対し，地域独自の経済・流通システムを形成する可能性をもつという点である[3]。

以上のような視角から再構成される農産物商品化論は，農業協同組合のみに農産物商品化の担い手を限定した「農民的商品化」論，さらには農協マーケティング論に対し，産地商人，地場零細加工業者といった地域における多様な経済主体の存在に着目した「地域的商品化」論として提示しうる。それは，小農という限られた特定の階層の運動を，さしあたり地域を紐帯に中小零細業者までをもふくめたより開かれた運動として展開させる可能性をもつ。「地域的商品化」論の展開は今後の課題であり，ここでは，その第1歩として，域内・産地商業資本の農産物商品化における機能と役割を明らかにしたのである。

なお，つけ加えると，ここで明らかにした産地商人の機能と役割は，理論的検討においては農産物一般を念頭におきつつも，実態分析においては，緑茶を対象としたものであった。したがって，以下のような限定が必要である。第1には，理論的検討においてすでに述べたように，ここで対象としたのは自由市場農産物をとりあつかう商業資本の場合についてだという点。第2には，品目により農産物の使用価値的特質は異なり，それに応じて当該農産物取扱商人の具体的機能と役割いかんは当然異なってこざるをえないという点である。しかし，第2の点については，自由市場農産物取扱商人すべてについて考察をおこなうことは困難であるし，有益でもない。産地市場整備がすすめられながらも商人流通の根強い緑茶をとりあげることで，この限られた考察によっても，今日みるような産地市場流通の現段階とそこでの産地商業資本の機能と役割について，その特徴的な点は明らかにしえたと考える。

1）　三島徳三『青果物の市場構造と需要調整』明文書房，1982，p.200。
2）　野原敏雄『現代資本主義叢書２　日本資本主義と地域経済』大月書店，1977，p.20。
3）　蓮見音彦・山本英治・似田貝香門『地域形成の論理』学陽書房，1981，pp.3-75，阿部真也『現代流通経済論』有斐閣，1984，pp.221-243，を参照。

参考文献

1．秋谷重男『中央卸売市場』日本経済新聞社，1981。
2．阿部真也『現代流通経済論』有斐閣，1984。
3．阿部真也「現代流通の管理と制御」森下二次也監修，阿部真也・鈴木武編『講座現代日本の流通経済 1　現代資本主義の流通理論』大月書店，1983。
4．荒川祐吉「森下教授のマーケティング論方法論について――覚書的考察――」鈴木武・田村正紀編『現代流通論の論理と展開』有斐閣，1974。
5．荒川祐吉『流通政策への視角』千倉書房，1973。
6．磯辺俊彦編著『みかん危機の経済分析――みかん農業における「兼業問題」の構造――』現代書館，1975。
7．伊藤茂「農村工業としての製茶業」協同組合経営研究所『協同組合経営研究月報』第49号，1957。
8．糸園辰雄『改訂日本中小商業の構造』ミネルヴァ書房，1981。
9．井野隆一・重富健一編著『食糧問題の基本視角』新評論，1976。
10．今井賢一『現代産業組織』岩波書店，1976。
11．岩谷幸春「集散市場体系下の青果物卸売・小売業の収益性のマクロ的分析」関西農業経済学会『農林業問題研究』第16巻第 3 号，1980。
12．臼井晋「農産物市場・流通の『国家独占資本主義的編成』について」新潟大学経済学会『新潟大学経済論集』第19号（1974，III），1975。
13．宇野弘蔵編『資本論研究IV　生産価格・利潤』筑摩書房，1968。
14．宇野弘蔵『農業問題序論』青木書店，1965。
15．榎勇「戦後における農協販売事業の変貌過程」湯沢誠編『農業問題の市場論的研究』御茶の水書房，1979。
16．榎勇「豆類自主協販運動の顚末」農業総合研究所『農業総合研究』第22巻第 1 号，1968。
17．大石貞男『日本茶業発達史』農山漁村文化協会，1983。
18．大内力『経済学大系 8　日本経済論（下）』東京大学出版会，1963。
19．大内力『日本農業論』岩波書店，1978。
20．大越篤「最近の日本茶業の動向〔1〕」『農業および園芸』第58巻第 2 号，養賢堂，1983。
21．大越篤『日本茶の生産と流通』明文書房，1974。
22．大阪市立大学経済研究所編『経済学辞典（第 2 版）』岩波書店，1979。

23. 大塚久雄『大塚久雄著作集第３巻　近代資本主義の系譜』岩波書店，1969。
24. 奥田信夫「緑茶の需要動向と産地の対応」関西農業経済学会『農林業問題研究』第17巻第３号，1981。
25. 岡田与好「前期的資本の歴史的性格」大塚久雄・高橋幸八郎・松田智雄編著『西洋経済史講座Ｉ　封建制の経済的基礎』岩波書店，1960。
26. 岡村克郎「茶の大規模機械化栽培」工藤壽郎編『南九州農業の新展開』農業信用保険協会，1980。
27. 小野誠志「生産組織と市場対応問題」農業技術研究所『昭和48年度専門別総括検討会議報告（農業経営部門）』1974。
28. 小野誠志『農業経営と販売戦略』明文書房，1973。
29. 梶井功「鹿児島県農業論」梶井編『限界地農業の展開』御茶の水書房，1971。
30. 片岡義晴「鹿児島県財部町における荒茶工場の出荷動向」法政大学『地理学集報』第11号，1982。
31. 河野五郎『使用価値と商品学』大月書店，1984。
32. 川村琢『主産地形成と商業資本』北海道大学図書刊行会，1971。
33. 川村琢「農産物の市場問題」斉藤晴造・菅野俊作編『資本主義の農業問題』日本評論社，1967。
34. 川村琢『農産物の商品化構造』三笠書房，1960。
35. 川村琢監修『現代資本主義と市場』ミネルヴァ書房，1984。
36. 木立真直「九州の商品――茶――」九州経済調査協会『九州経済統計月報』第38巻第４号，1984。
37. 木立真直「茶産地市場の展開と流通センター」九州農業経済学会『農業経済論集』第31巻，1980。
38. 木立真直・高橋伊一郎「共販体制下における産地商人の存立条件と対応形態」九州大学農学部『九州大学農学部学芸雑誌』第38巻第４号，1984。
39. 木立真直「農産物取扱商業資本の現段階的性格」梅木利巳編『農産物市場構造と流通』九州大学出版会，1985．11．刊行予定。
40. 九州農政局福岡統計情報事務所八女出張所編『福岡の八女茶』1976。
41. 桑原正信監修『講座現代農産物流通論第３巻　青果物流通の経済分析』家の光協会，1969。
42. 京都府『茶業奨励資料』1973。
43. 近藤康男『新版協同組合の理論』御茶の水書房，1962。
44. 近藤康男編『農業構造の変化と農協』東洋経済新報社，1962。
45. 作道洋太郎・安沢みね・藤田貞一郎・川上雅『生鮮食料品の市場構造』河出書房新社，1967。
46. 佐藤正「変化した商人の流通機構」吉田寛一編著『畜産物市場と流通機構』農

山漁村文化協会，1972。
47. 佐藤治雄「農産物市場における選別，輸送，保管機能」川村琢・湯沢誠・美土路達雄編『農産物市場論大系第２巻　農産物市場の形成と展開』農山漁村文化協会，1977。
48. 静岡県『茶業問題研究会報告書』(資料編)，1975。
49. 静岡県茶業会議所『新茶業全書』1976。
50. 白柳夏男『商品流通総論』中央経済社，1982。
51. 白柳夏男『流通過程の研究』西田書店，1975。
52. 菅沼正久「商業的農業と市場・農協」東京農業大学『農村研究』第９号，1958。
53. 杉田浩一・堤忠一・森雅史編『新編日本食品事典』医歯薬出版，1983。
54. 鈴木武「商業機能」森下二次也監修『商業の経済理論』ミネルヴァ書房，1976。
55. 鈴木武『商業と市場の基礎理論』ミネルヴァ書房，1975。
56. 壽原克周「農産物取扱商業資本と小農・農協」東北大学『東北大学農学研究所報告』第30巻第１・２号，1979。
57. 全国青果物移出業協会『青果物産地出荷業者実態調査報告』1968。
58. 高橋伊一郎『食肉経済――競争構造分析――』日本評論社，1972。
59. 滝澤昭義『農産物物流経済論』日本経済評論社，1983。
60. 竹中久二雄「市場取引と価格形成をめぐる問題点」御園喜博・宮村光重編『これからの青果物流通』家の光協会，1981。
61. 竹中久二雄「農産物の市場価格分析」東京農業大学『農学集報』第２号，1979。
62. 竹中久二雄「緑茶流通と価格形成」東京農業大学『農業集報』第２号，1979。
63. 竹中久二雄「緑茶流通の産直展開条件」東京農業大学『農学集報』第２号，1979。
64. 田村安興「商業資本『手数料商人化』説の検討」高知大学経済学会『高知論叢』第21号，1984。
65. 千葉燎郎「農産物市場問題の現段階」農業総合研究所『農業総合研究』第24巻第３号，1970。
66. 中野一新「京都府の農産物価格流通政策」川村琢・湯沢誠・美土路達雄『農産物市場論大系第３巻　農産物市場問題の展望』農山漁村文化協会，1977。
67. 中村達也『市場経済の理論』日本評論社，1978。
68. 農林統計協会『食料需要分析（昭和57年度）』1983。
69. 農林省『主産地形成論集』1962。
70. 野原敏雄『現代資本主義叢書２　日本資本主義と地域経済』大月書店，1977。
71. 橋本勲「販売過程とマーケティング過程」京都大学経済学会『経済論叢』第130巻第１・２号，1982。
72. 蓮見音彦・山本英治・似田貝香門著『地域形成の論理』学陽書房，1981。

73. 花田仁伍『小農経済の理論と展開』御茶の水書房，1971。
74. 花田仁伍『日本農業の農産物価格問題』農山漁村文化協会，1978。
75. 浜田英嗣「小生産者協同組合『商業資本』の特性」長崎大学水産学部『長崎大学水産学部研究報告』第57号，1985。
76. 林周二『流通革命新論』中央公論社，1964。
77. ヒルファディング『金融資本論（改訳版）』林要訳，大月書店，1961。
78. 廣吉勝治「書評『中央卸売市場』」漁業経済学会『漁業経済研究』第27巻第1・2号，1982。
79. 廣吉勝治「水産物流通機構論の展開」水産大学校『水産大学校研究報告』第31巻第3号，1983。
80. 福岡県『福岡県の茶業』1952。
81. 福岡県『福岡の茶業』1972。
82. 藤田敬三・竹内正巳編『中小企業論』有斐閣，1968。
83. 増田佳昭「緑茶の需給を考えるⅠ，Ⅱ，Ⅲ」静岡県茶業会議所『茶』第37巻第8，9，10号，1984。
84. 増田佳昭「緑茶流通における産地市場の展開と農協共販」関西農業経済学会『農林業問題研究』第16巻第1号，1980。
85. マルクス『資本論』長谷部文雄訳，青木書店，1954。
86. 三浦賢治「商業資本と協同組合に関する一考察」北海道大学農学部『農経論叢』第38集，1982。
87. 三国英実「青果物市場の展開と産地商人資本」北海道大学農学部『農経論叢』第24集，1968。
88. 三国英実「農産物市場における手数料商人化に関する一考察」日本農業経済学会『農業経済研究』第43巻第1号，1971。
89. 三国英実「農産物市場の再編成過程」川村琢・湯沢誠編『現代農業と市場問題』北海道大学図書刊行会，1976。
90. 三国英実「『流通システム化』の現段階と流通費問題」美土路達雄監修・御園喜博他編著『現代農産物市場論』あゆみ出版，1983。
91. 三島徳三『青果物の市場構造と需給調整』明文書房，1982。
92. 三島徳三「青果物集出荷の組織と形態」湯沢誠編『農業問題の市場論的研究』御茶の水書房，1979。
93. 三島徳三「『農民的商品化』論の形成と展望」川村琢・湯沢誠・美土路達雄編『農産物市場論大系第3巻　農産物市場問題の展望』農山漁村文化協会，1977。
94. 御園喜博『果樹作農業の経済的研究――「成長部門」の経済構造――』養賢堂，1963。
95. 御園喜博『現代農業経済論――小農経営の発展と変質――』東京大学出版会，

1975。
96. 御園喜博『農産物価格形成論』東京大学出版会，1977。
97. 御園喜博『農産物市場論――農産物流通の基本問題――』東京大学出版会，1971。
98. 御園喜博・宮村光重編『これからの青果物流通――広域流通と地域流通の新展開――』家の光協会，1981。
99. 美土路達雄「戦後の農産物市場」協同組合経営研究所編『戦後の農産物市場（下巻）』全国農業協同組合中央会，1958。
100. 宮下利三「青森県におけるりんごの出荷機構」全国農業協同組合中央会編『農業協同組合』第4巻第6号，1958。
101. 宮村光重「りんご移出業者の商人的性格の検討」阪本楠彦・梶井功編『現代日本農業の諸局面』御茶の水書房，1970。
102. 三輪昌男『協同組合の基礎理論』時潮社，1969。
103. 森宏『青果物流通の経済分析』東洋経済新報社，1962。
104. 森下二次也『現代商業経済論――序説＝商業資本の基礎理論――』有斐閣，1960。
105. 森下二次也『現代商業経済論（改訂版）』有斐閣，1977。
106. 森下二次也編『商業概論』有斐閣，1967。
107. 矢島武・崎浦誠治編『農業経済学大要』養賢堂，1967。
108. 山口重克『競争と商業資本』岩波書店，1983。
109. 山田定市「国家独占資本主義と農業協同組合」北海道大学農学部『農経論叢』第27集，1971。
110. 湯沢誠「農産物市場研究の展開」湯沢編『昭和後期農業問題論集第12巻　農産物市場論Ⅰ』農山漁村文化協会，1982。
111. 吉田茂「広域流通環境下における豚の地域内自給流通構造に関する経済的研究――沖縄県における豚流通の特質とその経済的意義――」『琉球大学農学部学術報告』第30号，1983。
112. 吉田忠『畜産経済の流通構造』ミネルヴァ書房，1974。
113. 若林秀泰「農協共販の再検討」桑原正信監修『講座現代農産物流通論第5巻　流通近代化と農業協同組合』家の光協会，1970。
114. 渡辺睦・前川恭一編『現代資本主義叢書27　現代中小企業研究（上巻）』大月書店，1984。
115. 渡辺睦・前川恭一編『現代資本主義叢書28　現代中小企業研究（下巻）』大月書店，1984。
116. 綿谷赳夫『綿谷赳夫著作集Ⅰ　農民層の分解』農林統計協会，1979。

図表一覧

索　引

【ス】

【セ】

【ソ】

【タ】

【チ】

【ツ】

【テ】

〈著者略歴〉
木立真直（きだち・まなお）
1956年生まれ。
1985年，九州大学大学院博士課程修了，農学博士。
現在，九州大学研究生（農学部）。
専攻，農産物流通・市場論
（主要著書・論文）
『農産物市場構造と流通』（共著，九州大学出版会，近刊）。
「共販体制下における産地商人の存立条件と対応形態」（『九州大学農学部学芸雑誌』第38巻第4号），「茶産地市場の展開と流通センター」（『農業経済論集』第31巻）。

農産物市場と商業資本
——緑茶流通の経済分析——

1985年11月30日 発行

著　者　木　立　真　直
発行者　水　波　　朗
発行所　(財)九州大学出版会
〒812　福岡市東区箱崎7-1-146
九州大学構内
電話　092-641-1101　内線 6439
092-641-0515　（直　通）
振替　福岡 1-3677
印刷／昭和堂印刷　製本／篠原製本

3061-560121-1523